AF453468

# NOTIONS GÉNÉRALES

## DE

# GÉOLOGIE

Droits de reproduction et de traduction réservés.

6988. — Imprimerie A. Lahure, rue de Fleurus, 9, à Paris.

# NOTIONS GÉNÉRALES

## DE

# GÉOLOGIE

PAR

## M. Edm. HÉBERT

MEMBRE DE L'INSTITUT (ACADÉMIE DES SCIENCES)
PROFESSEUR DE GÉOLOGIE A LA SORBONNE

OUVRAGE ACCOMPAGNÉ DE 54 FIGURES DANS LE TEXTE

## PARIS

### G. MASSON, ÉDITEUR

LIBRAIRE DE L'ACADÉMIE DE MÉDECINE

BOULEVARD SAINT-GERMAIN, EN FACE DE L'ÉCOLE DE MÉDECINE

1884

Nous avons essayé, dans cet opuscule, d'exposer brièvement et simplement, les faits principaux de la Géologie et les grandes lois qui en dérivent.

Les faits choisis comme exemples sont ceux qu'il est le plus facile de constater ; quant aux conclusions, toujours déduites de l'observation, le lecteur pourra juger qu'elles sont légitimes et rigoureuses. Les idées hypothétiques sont écartées autant que possible de cet ouvrage ; nous n'en avons admis que dans le dernier chapitre, intitulé : *État initial du globe terrestre.* — *Etat actuel*, et seulement à titre de probabilités vers lesquelles l'esprit se sent attiré.

Ce petit traité méthodique peut donc servir d'introduction à des études détaillées et ap-

profondies, comme il peut suffire à l'instruc-
tion de ceux qui, occupés ailleurs, sont curieux
cependant d'être initiés à cette branche des
connaissances humaines.

Sans parler des applications importantes que
reçoivent chaque jour les découvertes géologiques, et qu'il est si utile de pouvoir comprendre, ces données sur l'histoire générale du
globe terrestre sont si belles, et le travail nécessaire pour les acquérir, si minime, qu'il
n'est point permis aux jeunes gens sortant de
nos écoles de les ignorer[1].

C'est principalement aux élèves de Rhéto-
rique et de Philosophie que nous nous adres-
sons ici ; car tout élémentaires que sont ces
*Notions générales*, il faut, pour les bien saisir,
un jugement déjà exercé. Les connaissances
pratiques sur la nature des roches, sur les
phénomènes actuels, etc., que ces jeunes gens
auront acquises dans les classes inférieures[2],
trouveraient ainsi, dans une classe supérieure,

1. Cet exposé peut faire l'objet de 8 à 10 leçons.
2. Peut-être les programmes de ces classes devraient-ils être
simplifiés, pour la géologie, dans une assez large mesure.

un complément du plus haut intérêt, et de nature à ouvrir de larges aperçus à ces jeunes intelligences.

Ces *Notions générales* ont été, à diverses reprises, l'objet des premières leçons du Cours que nous professons à la Sorbonne depuis 1857. Les notes prises par plusieurs de nos élèves, notamment par MM. Munier-Chalmas, Bergeron et Fallot, nous ont été très utiles pour la rédaction de ce résumé.

En outre, M. Munier-Chalmas a bien voulu se charger de surveiller l'exécution des dessins insérés dans le texte, et dont la plupart ont été photographiés par lui-même sur des types choisis dans nos collections ; de sorte que les dessins de fossiles, par leur rigoureuse exactitude, peuvent servir à la détermination des espèces; sept d'entre eux seulement, dont l'origine a été d'ailleurs chaque fois indiquée, ont été empruntés au cours de *Paléontologie stratigraphique* d'Alc. d'Orbigny.

Edm. HÉBERT.

Août 1883.

# NOTIONS GÉNÉRALES

# DE GÉOLOGIE

## I

## LA GÉOLOGIE, SON BUT, SA MÉTHODE

**Domaine de la Géologie.** — Le mot *Géologie* signifie *science de la terre*. Or la terre présente à l'esprit humain des sujets d'étude extrêmement variés qui font l'objet de sciences distinctes :

1° L'*Astronomie* s'occupe des mouvements de la terre, de ses rapports avec le système général du monde et de son origine première ;

2° La *Géographie*, comprenant l'*Hydrographie* et l'*Orographie*, fait connaître tout ce qui est relatif à la forme extérieure ;

3° La *Zoologie* et la *Botanique* traitent des êtres vivant à la surface du globe, dont l'ensemble se divise en *Faune* et en *Flore*.

Le domaine de la *Géologie* commence avec l'étude

des matériaux qui composent la surface du sol, et que l'on appelle *roches*. La roche est *simple* si elle est formée d'un seul élément, comme le calcaire ou le sable siliceux ; elle est *composée* lorsqu'elle renferme plusieurs éléments constituants, comme le *granite*, où le *quartz*, le *feldspath* et le *mica* sont associés.

On se sert de l'expression *masse minérale* lorsque la roche est en quantité plus ou moins considérable. L'étude des éléments des roches appartient à la *Minéralogie*, et celle des roches elles-mêmes, à la *Lithologie*, sciences qui sont exposées dans des ouvrages spéciaux.

Cependant, toutes ces sciences, quelque étendues que soient les notions qu'elles nous fournissent, envisagent seulement un côté de la question : l'état actuel de la terre. Or cet état est essentiellement variable ; d'où une série de phénomènes que nous appelons *phénomènes actuels*.

**Exemples de phénomènes actuels.** — Certaines contrées semblent s'élever au-dessus du niveau de l'Océan, comme le nord de la Scandinavie, tandis que le sud, la Scanie, s'abaisse et s'immerge sous les eaux de la Baltique ; d'anciennes rues de la petite ville d'Ystad sont aujourd'hui à plusieurs mètres au-dessous du niveau de la mer. Ce sont là des changements très lents qu'on ne peut constater qu'après des siècles d'observations. Néanmoins, en raison de leur longue durée, ils peuvent amener des résultats considérables.

D'autres changements sont brusques, comme cela arrive quelquefois à la suite d'un tremblement de terre, et déterminent, sur des points plus ou moins limités, des fractures du sol, des exhaussements plus ou moins stables, etc.

Les actions atmosphériques sont surtout une cause incessante de modifications. Les eaux de pluie chargées d'acide carbonique désagrègent les roches, même le granite, en dissolvent certaines parties, en entraînent d'autres dans les cours d'eau et de là à la mer, qui elle-même attaque et désagrège les roches de ses rivages. Puis les courants sous-marins emportent au loin la partie la plus atténuée de ces matériaux.

Les glaciers contribuent pour leur part à ces phénomènes de transport, soit directement, soit par les eaux qui résultent de la fusion de la glace.

Ainsi, avec le temps, certaines parties de la surface terrestre, surtout dans les montagnes, sont successivement détruites et enlevées, tandis que les matériaux ainsi transportés tendent naturellement à combler les grandes dépressions.

Les substances en dissolution dans les eaux de la mer se déposent à l'état amorphe ou en petits cristaux, par suite de l'évaporation de l'eau et de l'acide carbonique. La silice et le carbonate de chaux, qui ont le rôle prépondérant, agglutinent les sables, pour en constituer des grès ou des calcaires sableux. C'est ainsi qu'il se forme encore de nos jours, sur les côtes du Calvados, des calcaires (fig. 1) très durs renfermant en abondance des *Mytilus* et les autres coquilles qui vivent encore actuellement sur ce point.

Près de la Rochelle, ce sera un grès calcaire ; à Biarritz, un poudingue ; sur les côtes d'Algérie, près d'Oran, un grès siliceux ; enfin à Bahia, au Brésil, la ville est construite avec un grès marin moderne qui se forme encore dans les environs. Dans nos régions, ces formations sont peu importantes ; mais

Fig. 1. — Grès calcarifère de formation actuelle (Côtes de la Manche), avec *Mytilus edulis* et *Cardium edule*, 1/2 de grandeur naturelle.

dans les mers chaudes, où l'évaporation est beaucoup plus active, des bancs de calcaire se développent assez rapidement. Dans ceux de la Guadeloupe, on a découvert un squelette humain. Sur les côtes du Chili, du Pérou, de la Nouvelle-Calédonie, des Antilles, et sur beaucoup d'autres points, de nombreux dépôts de roches semblables sont en voie de formation. On y rencontre toujours les coquilles qui vivent dans le voisinage, soit avec leur test, soit seulement à l'état de moules internes ou d'empreintes.

D'autres phénomènes frappent encore plus vivement notre attention. Les volcans amènent à la surface de la terre des masses fluides incandescentes parfois considérables. Ces masses coulent comme des fleuves de feu, semblables à ces jets de métaux fondus qui sortent du creuset d'un haut-fourneau, et bientôt se transforment par le refroidissement, soit en roches compactes à éléments cristallins plus ou moins apparents, soit en laves plus ou moins cellulaires accompagnées de scories. Celles-ci ressemblent tout à fait aux scories des hauts-fourneaux, et dans ces derniers on rencontre quelquefois des cristaux pyroxéniques qui rappellent ceux des laves.

Comme les phénomènes actuels sont d'ailleurs bien développés dans plusieurs traités, nous ne nous étendrons pas sur ce sujet, quoiqu'il soit d'un grand intérêt et qu'il conduise à la constatation des phénomènes anciens.

**Exemples de phénomènes anciens.** — La succession des phénomènes anciens, c'est l'histoire même de la terre. Quelques exemples montreront comment on peut retrouver les éléments de cette histoire.

1° Les sables et les graviers entraînés et déposés par les eaux d'un fleuve sont faciles à reconnaître. Si l'on examine ceux que dépose la Seine, qui coule à Paris à environ 30 mètres d'altitude, on pourra y trouver des ossements de tous les animaux vivant aujourd'hui dans la région, comme le cheval, le bœuf, le cerf, le chien, etc. Si l'on quitte le fond de la vallée pour s'élever sur les plateaux de Vincennes ou de Levallois-Perret, on rencontrera, environ à 50 mètres d'altitude, des graviers et des sables tout à fait semblables à ceux que charrie la Seine, et on ne saurait hésiter à affirmer qu'ils ont aussi été abandonnés par un fleuve. Or, dans ces dépôts, il y a souvent des dents d'éléphants (fig. 2), de rhinocéros,

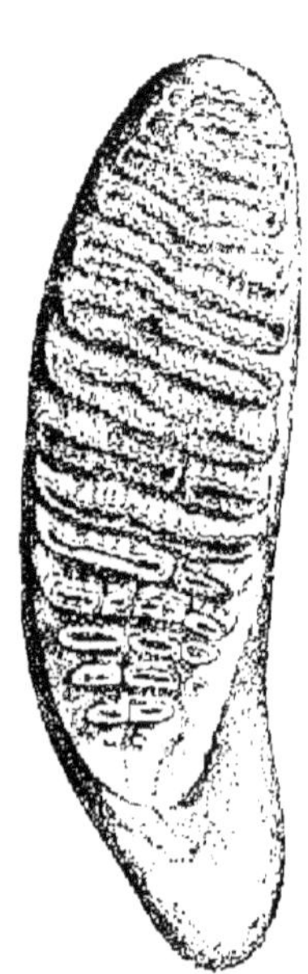

Fig. 2. — Dent d'éléphant des sablières de Grenelle réduite au 1/5 de grandeur naturelle.

Fig. 3. — Dent d'éléphant d'Asie (d'après Falconer) réduite au

d'hippopotames, d'ours et même de lions. On y trouve également des ossements de ces animaux, et jusqu'à des mâchoires (fig. 4) plus ou moins entières. De l'examen de ces faits, vous concluerez tout naturellement que la Seine, autrefois, formait un énorme cours d'eau qui coulait à une plus grande hauteur,

souvent sur une largeur considérable. Les hippopotames nageaient dans les eaux de ce fleuve puissant,
et, sur les collines de Meudon et de Montmorency,
paissaient de nombreux troupeaux d'éléphants et de
rhinocéros; le climat était donc plus chaud qu'à
notre époque. Mais, avec ces animaux, se trouvent
aussi des espèces de nos contrées : le cerf, le bœuf,

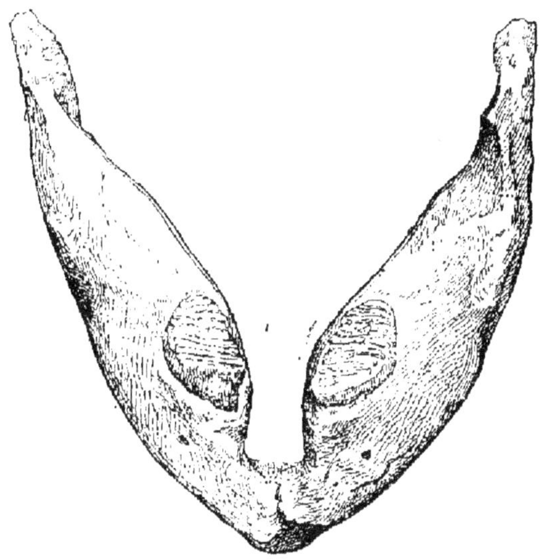

Fig. 4 — Mâchoire inférieure d'éléphant (sablières de Viry, près Chauny
vallée de l'Aisne), 1/12 de grandeur naturelle.

le cheval, le chien, etc. Les mollusques associés à
ces mammifères sont encore pour la plupart des
formes indigènes.

2° Si vous vous dirigez maintenant vers les plateaux de la Beauce et de la Touraine, à une altitude
plus élevée, environ 100 mètres, vous remarquerez
que la plaine est formée par des calcaires supportant
çà et là des buttes de sable. Ces sables, renfermant

beaucoup de coquilles marines, sont désignés dans le pays sous le nom de *Faluns*.

Un physicien célèbre, Réaumur, constatait en 1720

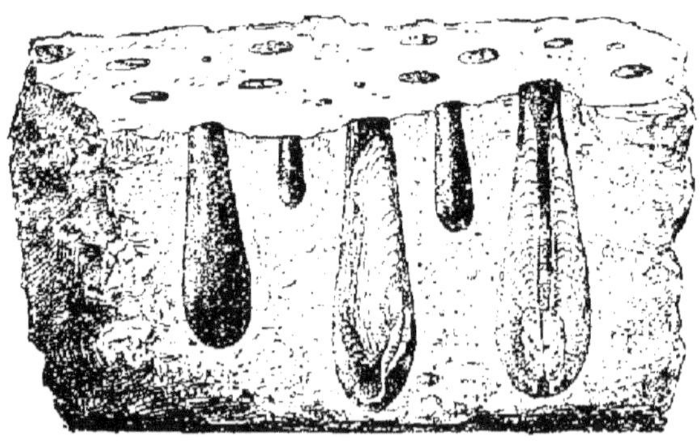

Fig. 5. — Calcaire de Beauce percé par les pholades. 1/5 de grandeur naturelle.

que ces calcaires étaient, au contact des sables, criblés de trous de pholades (fig. 5), semblables à ceux

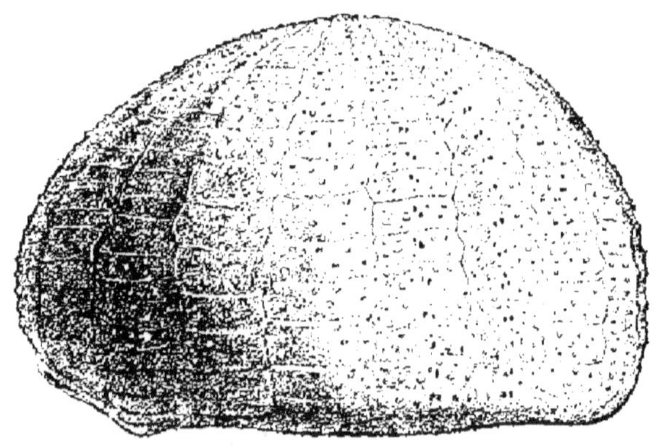

Fig. 6 a. — Ananchyte, vu de profil, 2/5 grandeur naturelle.

que l'on observe dans les roches de notre littoral, à la Rochelle ou à Dieppe, par exemple. Dans un remarquable rapport adressé à l'Académie des sciences, Réaumur introduisit dans la science cette donnée

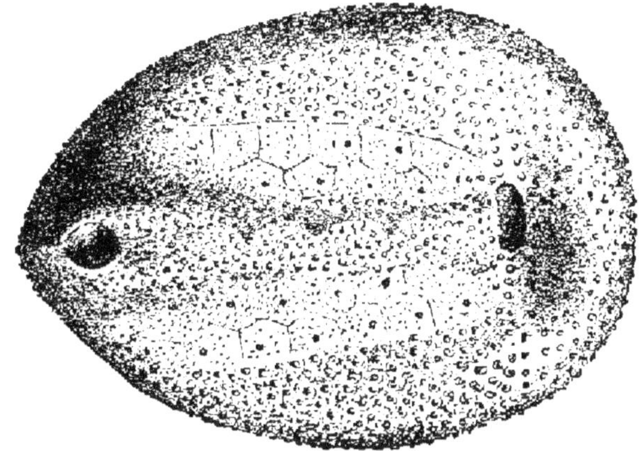

Fig. 6 *b*. — Ananchyte, face inférieure.

nouvelle de la présence et du séjour prolongé, à une époque ancienne, de la mer sur les plateaux de la

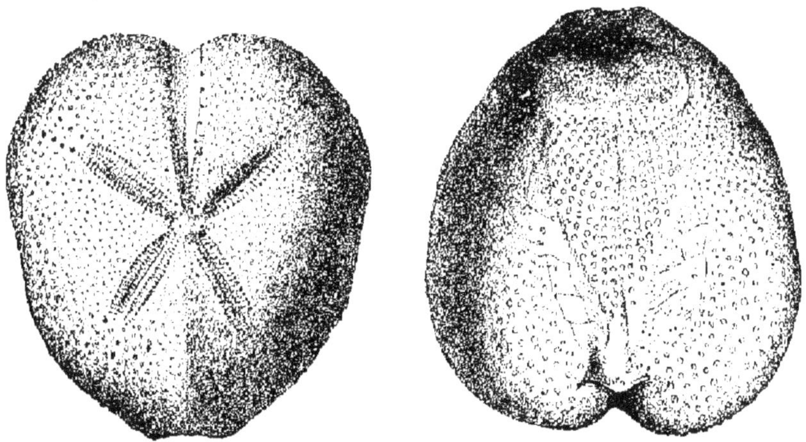

Fig. 7. — Micraster, 2/3 de grandeur naturelle.

Beauce et de la Touraine. Malheureusement, il généralisa beaucoup trop sa découverte en attribuant à

1.

cette même mer les dépôts crayeux de la Picardie, qui contiennent des Ananchytes (fig. 6 *a*, 6 *b*), ou des Micraster (fig. 7), formes d'Echinodermes qui s'éloi-

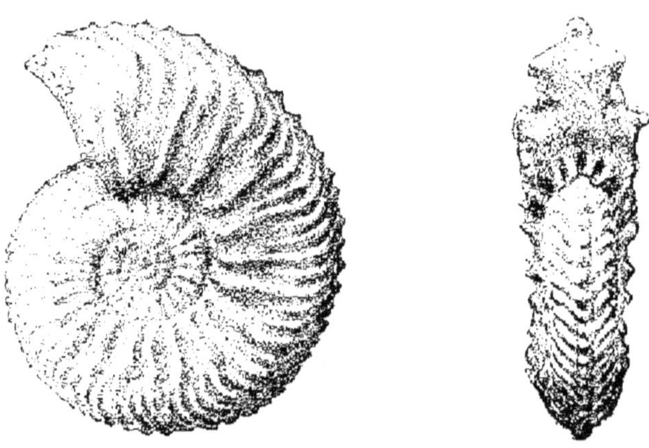

Fig. 8. — Ammonite des argiles de Trouville, jeune. Grandeur naturelle.

gnent beaucoup de ceux des mers actuelles, et même les couches argileuses ou calcaires du Calvados, qui sont caractérisées par de nombreuses ammonites (fig.8), groupe de céphalopodes complètement disparu.

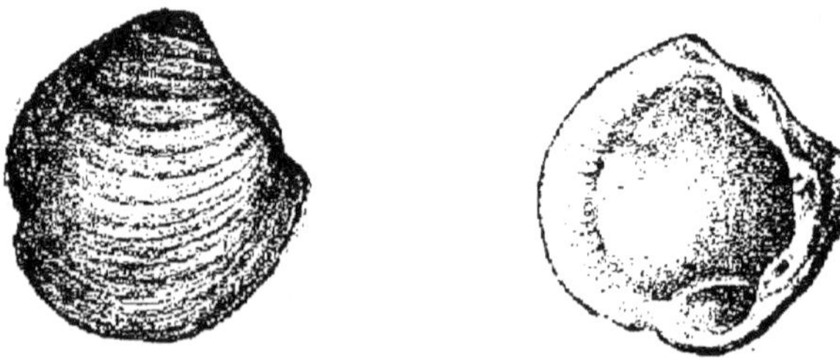

Fig. 9. — *Lucina columbella* des Faluns de Touraine, grandeur naturelle.

Parmi les coquilles des Faluns, on trouvera en abondance des Cônes, des Volutes, des *Nautilus* et la *Lucina columbella* (fig. 9) qui vit aujourd'hui dans la mer Rouge. La grande majorité de ces mollusques n'existe plus, et pour retrouver des espèces analogues, il faut aller dans les mers chaudes, ce qui indique que la température des eaux qu'ils habitaient était plus élevée que celle des mers européennes d'aujourd'hui.

Associées à ces coquilles disparues, on peut recueillir des dents et même des mâchoires de ce grand animal (fig. 10) qu'on nomme *Dinotherium*. Non seulement l'espèce et le genre en sont perdus, mais encore c'est un type qui paraît bien éloigné des formes actuelles.

Dans le terrain de transport de l'ancienne Seine, nous rencontrons des dents d'espèces perdues ; car l'éléphant [de cette époque, que l'on nomme *Mammouth* ou *Elephas primigenius* (fig. 2), diffère des espèces actuelles (fig. 3)[1] ; il en est de

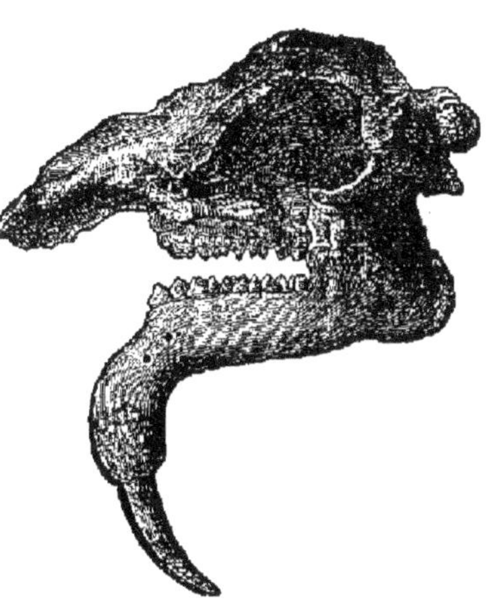

Fig. 10. — Tête de *Dinotherium giganteum*, réduite au 1/31.

même pour le *Rhinocéros*. Mais quant à ces genres, ils existent encore, tandis que le type générique que nous venons de signaler en Touraine est complètement éteint.

---

1. Entre autres caractères, on peut reconnaître que les lamelles des molaires sont plus rapprochées dans le Mammouth que chez l'éléphant d'Asie.

La connaissance de ces formes disparues de la surface de la terre est très importante ; c'est surtout
aux beaux travaux de Cuvier sur les mammifères,
dont on trouve les débris dans la pierre à plâtre, que
nous la devons.

Si nous prenons l'ensemble des Mollusques, nous
verrons que, dans les Faluns de Touraine, il y a 75 espèces sur 100 de disparues, tandis que les espèces
des graviers à *Elephas primigenius* sont, pour ainsi
dire, toutes vivantes. Ces faits nous amènent à conclure que nous avons affaire à une autre époque,
bien différente de la première.

3° Aux environs de Paris, notamment à Beauchamp,
on rencontre des sables ayant une épaisseur variant
de 25 à 40 mètres selon les localités ; certaines couches de ces sables ont été agglutinées et cimentées
par de la silice et ont formé des grès. On y recueille
de nombreuses coquilles marines (fig. 11), c'est donc
un dépôt marin ; mais l'examen attentif de ces coquilles montre que toutes les espèces sont perdues
et différentes de celles de la Touraine. Ces dépôts
appartiennent donc à une troisième période ; ils ont
été laissés par une autre mer que celle des Faluns de
Touraine.

Au Trocadéro, à Passy, à Gentilly et sur beaucoup
d'autres points des environs, on découvre au-dessous
de ces sables, comme en Touraine, des bancs horizontaux de calcaire, percés de nombreux trous de
pholades ; là encore, nous avons la preuve du séjour
de la mer ; elle a donc occupé cette région, comme

plus tard la Touraine. Je dis plus tard, parce qu'une partie notable des espèces recueillies dans les Faluns existe encore dans les mers actuelles, tandis qu'aucune des nombreuses coquilles trouvées dans les sables de Beauchamp n'a survécu ; ce sont toutes des espèces éteintes. C'est là un fait qui sera souvent constaté en géologie : plus la flore et la faune s'éloignent

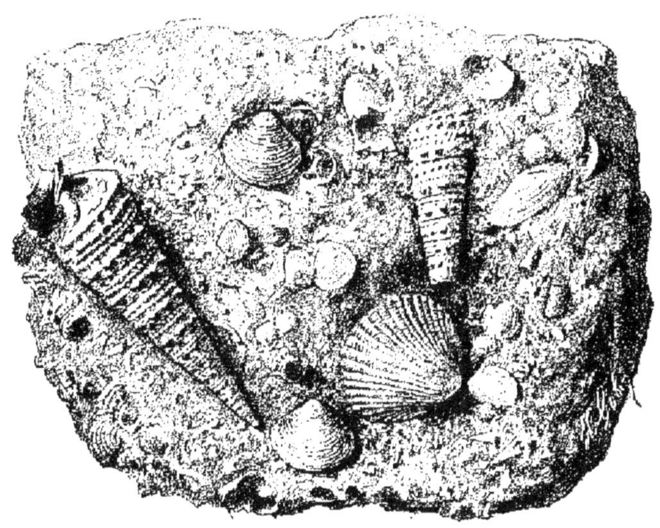

Fig. 11. — Grés de Beauchamp avec coquilles marines, d'espèces perdues, 2/3 de grandeur naturelle.

de ce qu'elles sont aujourd'hui, plus les dépôts sont anciens.

Les roches perforées dont je viens de parler annoncent la présence d'anciens rivages ; elles sont parfois accompagnées de bancs de galets qui indiquent également des phénomènes littoraux. Nous pourrons donc souvent marquer la place des rivages de ces anciennes mers.

**Origine des masses minérales.** — Nous voyons par
les exemples précédents comment on peut reconnaître l'origine d'un grand nombre de masses minérales. Ce sont des dépôts de fleuves et surtout de
mers.

Mais il y a aussi des dépôts de lacs ; ce sont également des sables, des ar-
giles ou des calcaires. On
les distingue par les *Limnées* (fig. 12), *Planorbes*
et autres animaux d'eau
douce qu'ils renferment,

Fig. 12. — Limnée des
Calcaires de Saint-
Ouen, grandeur natu-
relle.

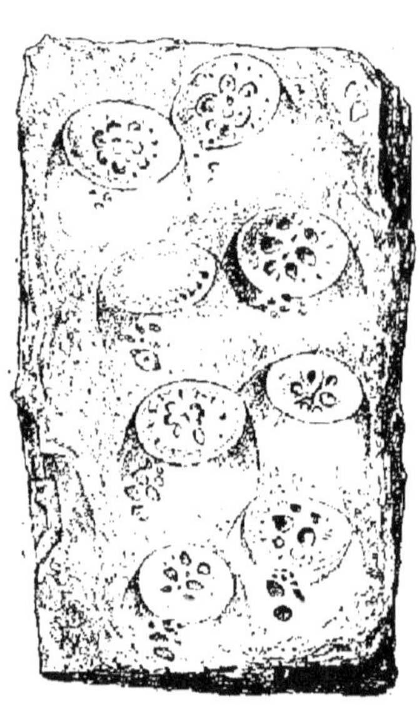

Fig. 13. — Empreinte de tige de
*Nymphæa* des meulières de Neauf-
fle-le-Château, grandeur naturelle.

ou bien encore par des végétaux lacustres, comme
les *Nymphæa* (fig. 13), les *Chara*, etc. ; tandis que
les végétaux des dépôts marins sont des *Fucus* ou
des *Zostères*.

C'est ainsi qu'au-dessus de ces sables de Beauchamp que nous venons de citer se trouve un calcaire blanc siliceux, rempli de Limnées, de Pla-

norbes, de graines de Chara, etc., à l'exclusion de tout débris organique marin. Ce calcaire est donc un dépôt lacustre.

D'autres sédiments se sont formés dans des lagunes à eaux saumâtres ; nous le verrons par la nature des coquilles qu'ils renferment.

L'étude des masses minérales sédimentaires nous permettra de saisir toutes les conditions de leur formation, de constater la place des affluents d'eau douce, etc.

**Masses minérales stratifiées.** — Toutes les formations sédimentaires se composent de couches placées les unes au-dessus des autres, elles sont *stratifiées*. Les masses minérales ainsi stratifiées couvrent les quatre cinquièmes de la surface terrestre.

Pour nous faire une idée de leur importance, dirigeons-nous de Paris vers Avallon ; on voit alors une nombreuse succession de couches qui sortent les unes

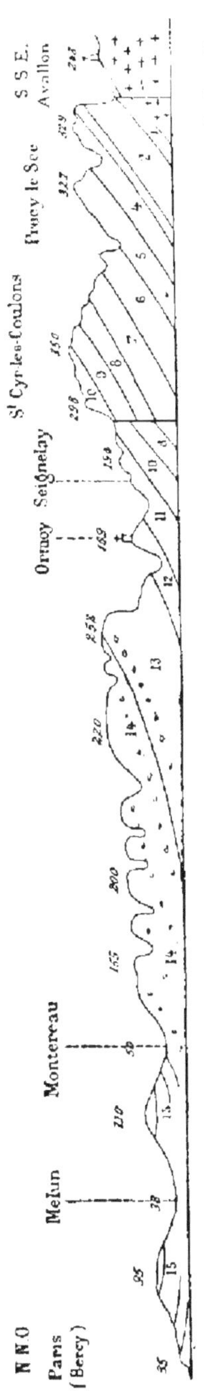


Fig. 14. — *Coupe géologique de Paris à Avallon* (d'après M. Raulin [statist. géol. du dép. de l'Yonne, 1858, pl. III, fig. 2] pour la partie nᵒˢ 1 à 14).

de dessous les autres, comme l'indique le diagramme ci-contre (fig. 14).

Chaque couche se montre, soit dans des carrières, soit dans des tranchées de routes, soit dans des ravins, etc. Sans entrer dans des détails trop élémentaires, on comprend comment on peut relier graphiquement toutes ces parties les unes aux autres, déduire même des surfaces visibles la disposition des strates à l'intérieur du sol; c'est ce qu'on appelle faire une *coupe géologique*[1].

De Paris à Montereau, on rencontre des couches lacustres alternant avec des assises marines (16, 15); mais à partir de Montereau jusqu'à Avallon, il n'y a plus que des dépôts marins; d'abord, de la craie (14, 15), puis des sables et des argiles (12, 11, 10) et enfin des calcaires compacts ou marneux (9 à 1).

À Avallon, on se trouve en face de roches massives cristallines, non stratifiées, dont les caractères sont tout autres, et sur lesquels nous devons nous arrêter un instant. Ces masses se retrouvent d'ailleurs, avec des caractères semblables, non seulement dans tout le Plateau central et en Bretagne, mais encore dans un grand nombre de régions de montagnes.

**Masses minérales non stratifiées.** — Ces masses sont essentiellement composées de minéraux cristal-

---

1. Ici fig. 14, on a prolongé les couches jusqu'au niveau de la mer. L'échelle des hauteurs est 40 fois plus grande que celle des longueurs, et par suite l'inclinaison des couches est fortement exagérée. En réalité elles sont peu inclinées.

lisés dont les plus fréquents sont le quartz, le feldspath, le mica, l'amphibole, le pyroxène, etc. Les cristaux sont de dimensions variables, tantôt volumineux, tantôt visibles seulement à un grossissement plus ou moins fort. Tandis que chaque masse stratifiée, formée en général d'un seul minéral amorphe, est par suite une *roche simple*, la masse non stratifiée est une *roche composée* de 2, 5, etc., minéraux cristallisés, accolés, soudés les uns aux autres.

C'est là un caractère distinctif essentiel.

En outre, dans les roches non stratifiées, jamais de débris organiques, ni de cailloux roulés, rien qui indique la sédimentation; mais quelquefois, surtout au contact des roches stratifiées, on les voit empâter dans leur masse des blocs plus ou moins volumineux de celles-ci. Ainsi donc, elles diffèrent également par leur origine. Sous ce dernier rapport, elles ressemblent aux laves que les volcans rejettent à l'état de fluidité ignée, et qui empâtent les pierres qu'elles rencontrent sur leur passage.

Un certain nombre de ces roches jouent un rôle considérable dans la composition du globe terrestre : le *granite*, représenté par plusieurs variétés, les nombreux *porphyres*, les *diorites*, *trachytes*, *basaltes*, etc.

Il importe de bien se rendre compte des rapports des masses non stratifiées avec les roches stratifiées. Pour cela, nous choisirons quelques exemples.

1° Au Mont Pilat (fig. 15), près de Saint-Étienne,

la masse non stratifiée (4) est du granite; la masse stratifiée en contact (1) est du gneiss.

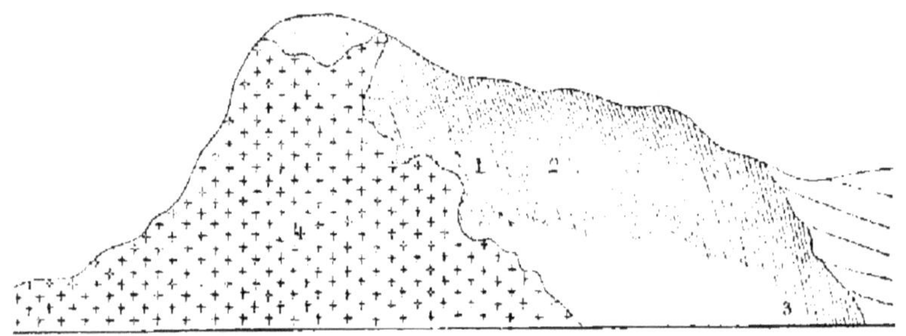

Fig. 15. — *Coupe du mont Pilat* (Grüner, desc. géol. du dép. de la Loire, p. 101). — 1, 2 gneiss. — 3 micaschiste. — 4 granite.

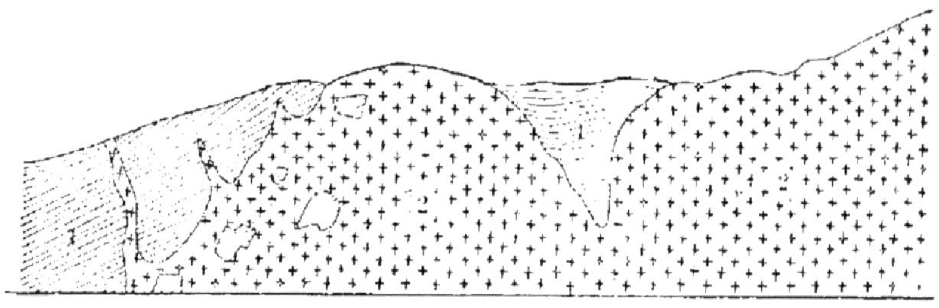

Fig. 16. — *Coupe au pied du mont Lozère*, près de Villefort. 1 micaschiste. — 2 granite.

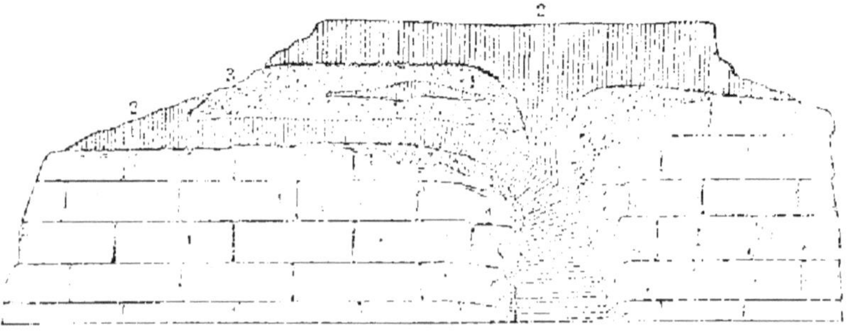

Fig. 17. — *Coupe idéale du plateau de Gergovia.* — 1 calcaire de Beauce. — 2 basalte. — 3 pépérino.

Cette coupe (fig. 15) montre que le granite a pénétré

la roche schisteuse, s'est introduit dans des fissures, et en a englobé des fragments dans l'intérieur de sa propre masse.

Au Mont Lozère (fig. 16), le granite (2) a traversé le micaschiste (1) et semble en avoir entraîné et soulevé des lambeaux considérables.

Un contact analogue se voit à la montagne de Gergovia (Puy-de-Dôme) (fig. 17), où une masse de basalte (2) traverse des couches horizontales de calcaire lacustre (1) et s'y ramifie, altérant et décomposant la roche encaissante.

*Formations éruptives.* — *Formations sédimentaires.* — Les exemples précédents montrent que le granite et le basalte sont venus de bas en haut de l'intérieur de la terre, par des fentes dans lesquelles ils ont pénétré et se sont injectés, empâtant des fragments de la roche encaissante et se trouvant par conséquent dans un état de fluidité comparable à celui des laves actuelles.

Les masses minérales non stratifiées sont donc des *formations éruptives* et *ignées*, comme les roches stratifiées sont des *formations sédimentaires* et *aqueuses*.

Ainsi les roches dont le sol terrestre est composé portent en elles la preuve, la démonstration des phénomènes qui se sont accomplis pendant leur formation. Ce que nous venons de dire suffit pour montrer que ces phénomènes sont nombreux, de nature variée et d'époques distinctes. Il nous faut donc rechercher si en réalité il y a eu dans ces événements une succession dont nous puissions nous rendre compte, et par quelle méthode nous parviendrons à les classer chronologiquement.

Commençons par les formations stratifiées sédimentaires.

**Classement chronologique des formations sédimentaires.** — *Stratigraphie.* — *Paléontologie.* — Si on se reporte à la fig. 14 (page 15), où l'on a indiqué la série des masses minérales que l'on rencontre entre Paris et Avallon, avec leur nature minéralogique et l'ordre de succession qu'elles présentent, on constatera un nombre considérable de sédiments marins, accumulés les uns sur les autres, depuis Montereau jusqu'à Avallon.

Il est bien évident que l'âge relatif de ces dépôts sera déterminé par leur position même dans la série. Le plus ancien se trouvera à Avallon sur le granite et au-dessous de tous les autres, dont l'âge correspondra au numéro d'ordre qu'ils occuperont dans la série générale. Il faudra décrire chaque couche, sa nature, les conditions de sa formation, déduites de ses caractères propres, et noter sa position. La science qui réunit toutes ces données est ce qu'on appelle la *Stratigraphie*.

En outre, ces couches renferment des débris de corps organisés. De Chablis à Avallon, on relève un grand nombre de masses stratifiées, telles que des calcaires oolitiques ou compacts, des marnes, des argiles, etc, contenant des fossiles marins, parmi lesquels le genre Ammonite (fig. 8, p. 10) prédomine. La considération des différentes espèces d'Ammonites permet à elle seule de préciser la position relative de ces couches. Près d'Avallon, c'est l'*Ammonites bifrons* (fig. 18) qui abonde; plus près de Paris, vers Ancy-le-Franc, ce sont les *Ammonites cordatus*

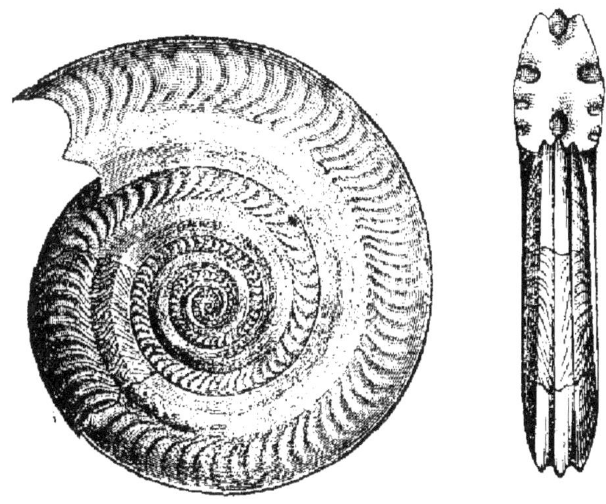

Fig. 18. — *Ammonites bifrons* des calcaires de Vassy près Avallon, 1/2 grandeur naturelle

(fig. 8, p. 10) et *Ammonites Martelli* (fig. 19); le calcaire qui les renferme ne présente aucun exemplaire de l'*A. bifrons*. Réciproquement, l'*A. Martelli* ne se trouve jamais dans les couches à *A. bifrons*. A Auxerre, comme à Flogny, c'est un calcaire compact avec *Ammonites portlandicus* (fig. 20), à l'exclusion des autres espèces citées.

Donc, ces couches, qui se distinguent les unes des

autres par leur nature minéralogique, diffèrent encore, et d'une façon très nette, par les fossiles qu'on y rencontre.

Quand on arrive dans la série de la craie (fig. 14, nᵒˢ 13 et 14) qui est très développée de Joigny à Montereau, la stratification est souvent peu nette; toutefois, dans la masse crayeuse, se voient des bancs de silex disposés assez régulièrement, et indiquant le

Fig. 19. — *Ammonites Martelli* des calcaires de l'acy près Ancy-le-Franc. 1/2 grandeur naturelle.

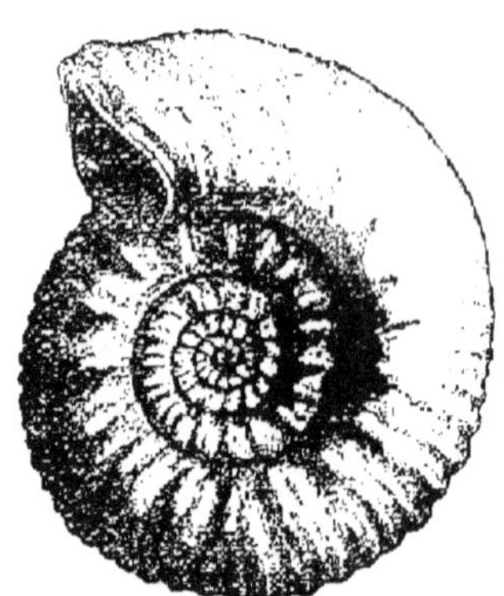

Fig. 20. — *Ammonites portlandicus* des carrières Saint-Amatre à Auxerre. 1/2 grandeur naturelle.

sens de la stratification. Si l'on passe à l'examen des fossiles, on reconnaît qu'ils sont distribués par assises parallèles et successives, de sorte qu'ils constituent également une série de faunes distinctes. C'est ainsi que ce bivalve (fig. 21) si reconnaissable, l'*Inoceramus labiatus*, abonde vers la partie inférieure; plus haut ce sont de nombreux oursins, *Holaster* (fig. 22), *Micraster* (fig. 7, p. 9), *Anan-*

*chyles* (fig. 6, p. 9), dont les espèces varient d'une assise à l'autre.

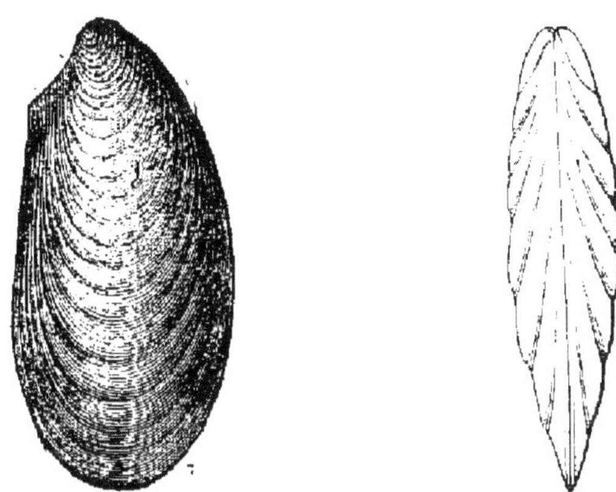

Fig. 21. — *Inoceramus labiatus* de la base de la craie de Joigny, 1/3 grandeur naturelle.

A partir de Montereau, on remarque une alter-

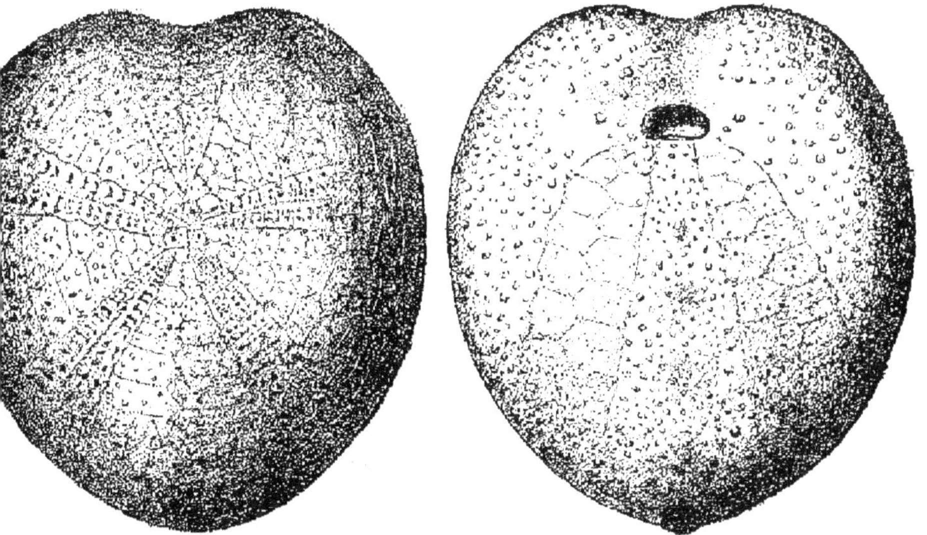

Fig. 22. — *Holaster planus*, partie supérieure de la craie de Joigny. Gr. nat.

nance de dépôts marins et lacustres ; leurs caractères

sont distincts de ceux que l'on avait vus jusqu'ici. Dans cette nouvelle série, les diverses assises sont encore caractérisées par des fossiles spéciaux.

Ces différences dans les Faunes sont telles qu'entre la série des calcaires marneux et oolitiques d'Avallon à Auxerre, et la série crayeuse de Joigny à Montereau, il n'existe pas une seule espèce commune.

La science qui fait connaître ces êtres anciens, qui les reconstitue, qui les classe dans la série générale des êtres organisés, en appliquant les principes de la Zoologie et de la Botanique, s'appelle la *Paléontologie*.

On voit donc que les masses minérales, indépendamment de leur caractère *lithologique*, peuvent être définies par leur caractère *paléontologique*.

**Disposition générale des formations sédimentaires.** — Si, au lieu de se diriger du nord au sud, on allait à l'est de Paris, vers les Vosges, ou au Nord-Est, vers l'Ardenne, on retrouverait des masses minérales semblables à celles qui ont été mentionnées plus haut et semblablement disposées.

Dans une coupe de Paris à l'Ardenne, la série de Paris à Montereau se voit entre Paris et Épernay; d'Épernay à Vitry-le-Français ou à Sainte-Menehould et Montfaucon (fig. 23), c'est la même série crayeuse qu'entre Montereau et la vallée de l'Armançon (fig. 14, nos 13 et 14); et de Sainte-Menehould à Charleville, on retrouve successivement : les couches à *Ammonites portlandicus* à Varennes (n° 9), celles à

*Amm. Martelli* et *A. cordatus* à la côte Saint-Germain (n⁰ˢ 5-6), celles à *A. bifrons* à Montmédy (n° 2.)

Comme vers le sud, les couches sortent les unes de dessous les autres, en s'éloignant de Paris; elles plongent donc encore vers cette ville.

En se dirigeant vers l'ouest, on constate la même succession dans les caractères lithologiques et dans les caractères paléontologiques. On peut aisé· ment le vérifier en suivant la côte de Normandie, d'Honfleur à Cherbourg; il en serait de même dans toute autre direction intermédiaire.

Il résulte de là que les masses minérales stratifiées, qui constituent le nord de la France, forment une série de zones concentriques à Paris, plongeant les unes sous les autres dans cette direction.

**Carte géologique.** — Si, sur une carte géographique de la France, on teinte d'une façon



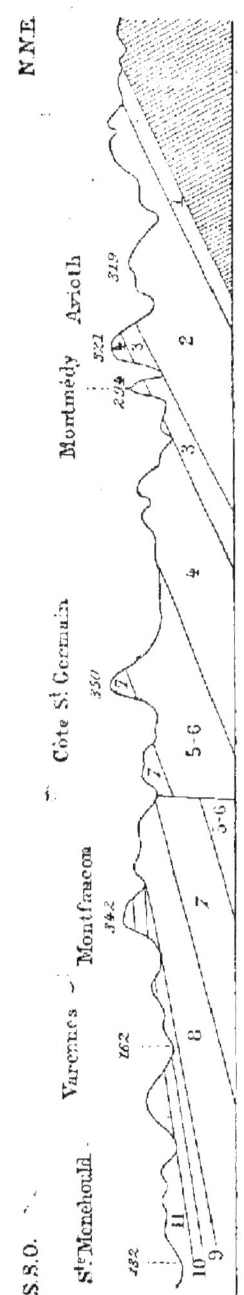



Fig. 25. — Coupe de Ste-Menehould à l'Argonne (Hébert, mers anciennes, pl. 1, 1856).

particulière la surface occupée par la plus ancienne de ces zones, l'espace teinté formera une bande à courbure irrégulière, mais présentant partout sa concavité vers Paris.

Cette zone sera suivie d'une autre zone ayant la même disposition générale ; puis celle-ci d'une troisième, et ainsi de suite. Chacune d'elles recevra une teinte particulière. Une carte, coloriée selon la nature des masses minérales qui occupent la surface du sol, est ce qu'on appelle une *carte géologique*. La carte géologique de la France a été dressée par Dufrénoy et Élie de Beaumont, il y a environ quarante ans.

Ce mode de représentation est plus ancien que l'emploi des coupes. Dès le milieu du dix-huitième siècle, Guettard reconnaissait dans le nord de la France cette disposition concentrique que nous venons de décrire ; il vit même qu'elle s'étendait au sud de l'Angleterre. Toutefois, Guettard semble n'avoir compris que la succession superficielle des masses minérales ; mais il n'a pas saisi la relation de superposition de ces masses dans la profondeur ; et il n'avait, quoique s'étant beaucoup occupé des fossiles, aucune idée nette du *caractère paléontologique*. La carte de Guettard fut publiée en 1751 et rééditée par Monnet en 1780, comme *carte minéralogique*. Le mot *Géologie* n'était pas encore créé.

**Formations littorales. — Anciens golfes. —** Poursuivons la série des conséquences qu'il nous est permis de tirer des faits observés.

Prenons par exemple une de ces zones concentriques dont nous parlions tout à l'heure, la première, je suppose. Elle est formée d'un calcaire bleuâtre que les Anglais appellent *Lias*, nom adopté partout; elle présente de véritables bancs d'huitres (fig. 24) (*Ostrea arcuata*). Ces huitres sont aussi nombreuses que les *Mytilus* dans les bancs calcaires de formation actuelle du Calvados. La présence de ces huitres

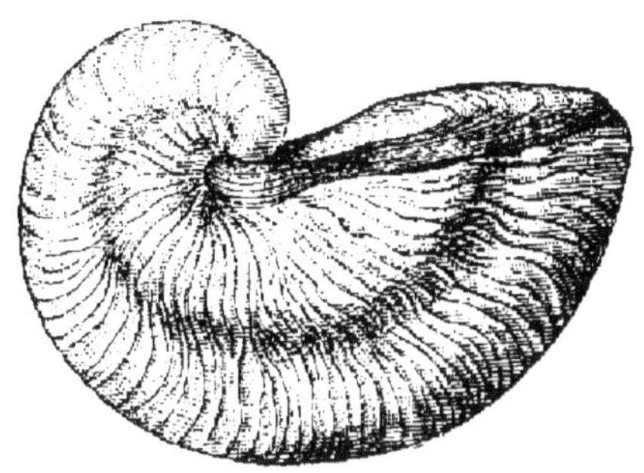

Fig. 24. — *Ostrea arcuata* (gryphée arquée) du lias de Mézières. 2/3 grandeur naturelle.

indique des eaux peu profondes, la proximité du rivage. En effet, à peu de distance, à l'extérieur de cette zone, le sédiment marin se charge de cailloux roulés, ou bien les roches sous-jacentes se montrent percées par des mollusques lithophages. C'est bien là le rivage que la mer de la Gryphée arquée n'a pas dépassé. La preuve en est dans cette coupe (fig. 25).

Ce diagramme représente l'extrémité des dépôts du Lias au pied de l'Ardenne qui formait alors une falaise.

La mer a donc occupé tout l'espace limité par la
zone de la gryphée arquée. Ses rivages étaient formés par l'Ardenne, les collines de la Lorraine, les
contreforts des Vosges, le plateau Central, la Vendée,
la Bretagne et le Cotentin. Toute cette région ainsi
définie est encore aujourd'hui une grande dépression
circonscrite par des régions montagneuses plus
élevées.

La surface de cette dépression est sans doute fort

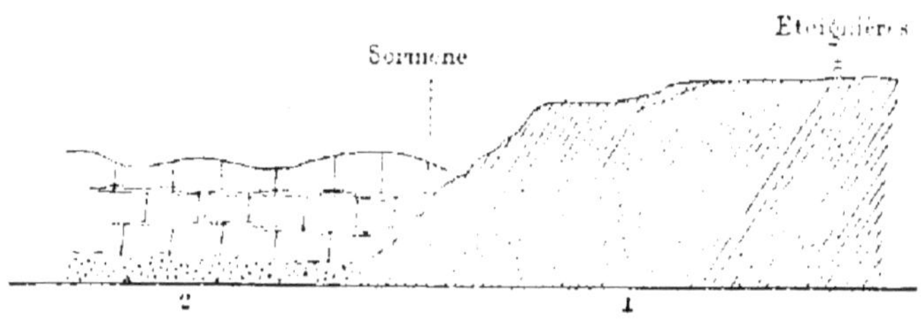


Fig. 25 — *Coupe d'une carrière à Eteignères* (Ardennes). Hébert, *mers
anciennes*, p. 9. — 1. Schistes ardoisiers; 2. Calcaires du Lias.

irrégulière, coupée de vallées longitudinales ou
transversales, mais ces vallées ne sont que des sillons
dont le volume est incomparablement moindre que
celui des collines et des plateaux qu'elles séparent;
ce sont, nous le verrons, des accidents récents. On
peut donc, par la pensée, les combler; on aura alors
une surface assez régulière, déprimée dans son centre qui sera le plateau de la Beauce, et qui s'élèvera
progressivement jusqu'à la ceinture montagneuse.

Si les rivières sortent de cette dépression, c'est par
des échancrures à travers la ceinture : la Meuse, à
travers l'Ardenne ; la Loire, par le défilé qui sépare
la Bretagne de la Vendée; la Seine même, par une

tranchée dans les plateaux normands. Cette dépression naturelle si bien marquée, nous l'appelons le *Bassin de Paris*.

Nous appliquons ce mot de *Bassin* à une région dont la surface générale, abstraction faite des échancrures secondaires, a la forme d'une cuvette. Il n'y a donc point de bassin de la Loire, ni de bassin de la Meuse, ni même de bassin de la Seine, ou du moins cette expression de bassin, appliquée par les géographes à la région parcourue par un fleuve et ses affluents, ne devrait jamais être employée par nous dans ce sens, puisqu'elle nous donnerait une idée fausse du relief du sol. Les exemples cités plus haut suffisent pour démontrer que le vrai relief, dont l'étude s'appelle l'*Orographie*, ne peut être bien compris qu'à l'aide des observations géologiques, et n'est pas toujours en rapport avec l'*Hydrographie*.

Revenons aux dépôts que formait la mer, lorsque vivait sur ses bords la Gryphée arquée. A ce moment n'existait aucune des assises que nous avons rencontrées, dans toutes les directions, entre cette zone et Paris. Elles sont plus récentes puisqu'elles reposent dessus. Supprimons-les par la pensée : le bassin de Paris sera un golfe qui débouchera au Nord, entre la pointe du Cotentin et Calais, couvrira le sud-est de l'Angleterre, et dont la figure 26 donne la forme.

**Modifications successives de la forme du bassin de Paris.** — La sédimentation a dû s'opérer dans toute l'étendue du golfe; donc toutes les assises qui

2.

plongent vers le centre doivent former autant de cuvettes, plus ou moins continues, ainsi que l'indique le diagramme suivant (fig. 27).

Si nous pratiquons un sondage dans l'intérieur du bassin, nous devrons rencontrer les diverses assises dans leur ordre de superposition. C'est en effet

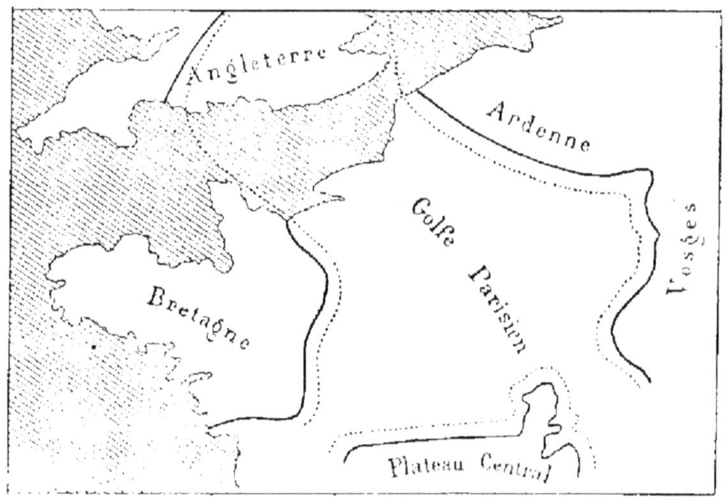


Fig. 26. — Golfe Anglo-Parisien à l'époque de la Gryphée arquée.

ce que l'expérience a vérifié. En creusant les puits artésiens de Paris, on a traversé d'abord toutes les couches de craie qu'on rencontre de Montereau à Joigny (p. 15, fig. 14, n$^{os}$ 15, 14, 15); puis les couches d'argile et de sables qui affleurent à Saint-Florentin (n$^{os}$ 12 et 11).

On n'est pas allé plus loin, mais la vérification jusqu'à ces couches est tellement complète, qu'il est évident qu'en poursuivant les forages à des profondeurs suffisantes, on rencontrerait toutes les masses stratifiées qui forment le sol de Saint-Florentin à Avallon (n^os 10 à 1).

**Puits artésiens.** — Cette disposition concentrique des couches mérite de nous arrêter un instant, car elle permet l'existence des puits artésiens. Le bord d'une des cuvettes, formée de sable s. s. s. (fig. 28), affleure à Saint-Florentin, à Seignelay, dans la Puisaye, etc.; il forme une zone couverte de forêts, qui s'élève à des altitudes moyennes de 100 à 150^m, et qui est pénétrée par les eaux de pluie; comme cette cuvette sableuse est comprise entre deux cuvettes d'argile

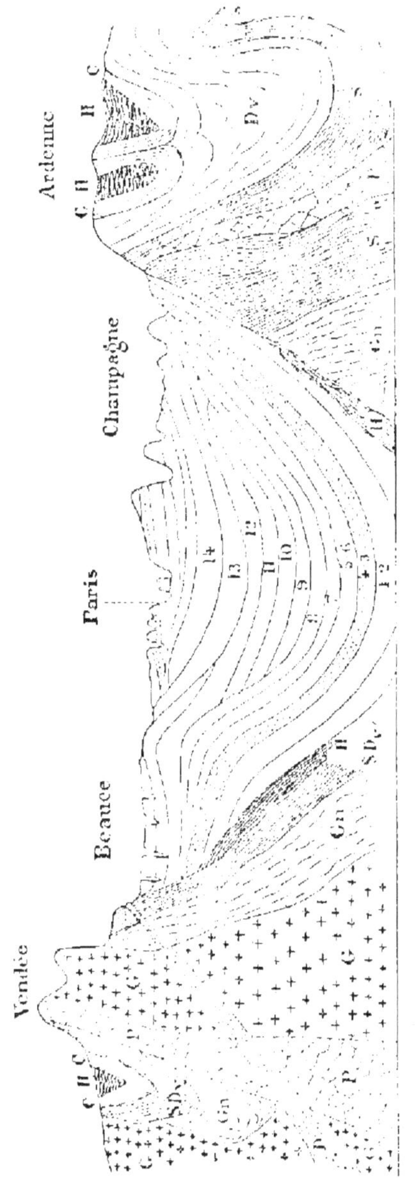



Fig. 27. — Coupe idéale du Bassin de Paris. — G, granite; P, porphyres; D, diorites; Gn, gneiss; S, Schistes ardoisiers; Dv, grès; c, calcaires; H, houille, masses minérales formant la ceinture du Bassin. — 1, 2, 3,... 14, formations sédimentaires effectuées dans le Bassin.

*a, a, a* ; *a' a' a'*, elle constitue un véritable réservoir. Si l'on perce les masses qui le recouvrent, l'eau tendra à s'élever au niveau des bords de la cuvette, c'est-à-dire environ à 100 mètres d'altitude. Si donc on se place, pour pratiquer le forage, à une altitude de 40 à 60$^m$, comme on l'a fait à Paris, on aura de l'eau jaillissante. Il n'en serait plus de même sur les plateaux de Meudon à 170$^m$ d'altitude. Les puits artésiens sont donc une conséquence nécessaire de la nature et de la disposition des masses miné-

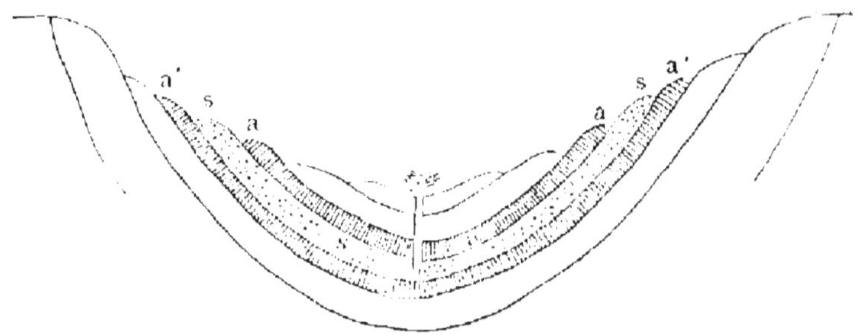

Fig. 28. — *Coupe idéale d'un puits artésien*, *a, a, a* ; *a', a', a'*, couches argileuses, *s. s. s.* couches sableuses.

rales dans le bassin de Paris. Dans les autres contrées, c'est par l'étude stratigraphique que l'on pourra également reconnaître s'il est possible d'obtenir des eaux jaillissantes.

Il y a très longtemps que l'on obtient de l'eau par des forages ; cette pratique est due au hasard ; aussi pendant longtemps n'a-t-on suivi aucune règle dans ces recherches. Ce n'est que vers 1820 que la théorie exacte des puits artésiens s'est formulée dans l'esprit de quelques géologues. En 1833, le Conseil municipal de la Ville de Paris, sous l'impulsion d'Arago, se décida à tenter une expérience qui, au bout de sept années de travaux, a été couronnée d'un plein succès.

Dans ce forage, on retrouvait à une profondeur de 550$^m$ une argile à laquelle on a conservé le nom anglais de *Gault*, et qui sort de dessous la craie, à une altitude de 150$^m$, tout autour de la région orientale du bassin de Paris. Ce dépôt marin tapisse donc d'une manière continue toute la dépression dans laquelle s'est déposée la craie.

**Mouvements du sol. — Enfoncement successif du bassin.** — Le gault se montre, dans toute cette étendue, avec une telle identité de caractères minéralogiques et paléontologiques, que l'on ne saurait admettre la formation de ce dépôt dans un bassin aussi déprimé qu'il l'est aujourd'hui. La profondeur des eaux aurait présenté des variations de plus de 600 mètres ; nécessairement cette inégalité dans la profondeur ne pouvait exister ; le bassin était moins concave, les eaux étaient plus basses ; peut-être n'y avait-il pas une différence de 100$^m$ des bords de la dépression à la partie centrale ; mais bien certainement on peut affirmer que la concavité du bassin s'est augmentée, depuis le dépôt de ces sables et argiles, d'au moins 500 mètres.

Ce qu'on vient de dire de cette cuvette est vrai pour tous les autres dépôts. Donc il s'est produit des enfoncements successifs, de telle sorte que le bassin de Paris est resté un golfe pendant toute la période de ces dépôts.

Ce que nous constatons dans la France septentrionale peut être aisément constaté ailleurs, en Angleterre, en Allemagne, etc.

**Généralité des phénomènes.** — *Identité de succession.* — Il serait trop long de décrire, avec détails et précision, tous les faits qui, sur tous les points du globe, fournissent quelque lumière sur cette longue histoire du passé. Heureusement ces faits se groupent, se coordonnent de façon à simplifier singulièrement notre tâche. La succession que l'on reconnaît en France se retrouve la même, non seulement dans le reste de l'Europe, mais en Afrique, en Amérique, en Australie, etc.

Prenons des exemples : les calcaires à Ammonites qui, à Avallon (p. 15, fig. 14. nos 1 à 9). reposent immédiatement sur les masses minérales non stratifiées, sont loin d'être les plus anciennes formations sédimentaires. La superposition directe de ces assises sur d'autres plus anciennes se voit dans un grand nombre de régions ; et on peut ainsi vérifier qu'elles ont été précédées par une nombreuse série d'autres sédiments marins.

Les plus anciens parmi les sédiments marins sont caractérisés par la présence de nombreux débris de crustacés (fig. 29), dont le corps est divisé en trois parties longitudinales, ce qui les a fait nommer *Trilobites*. Ces fossiles, si nombreux dans les schistes ardoisiers d'Angers, caractérisent une épaisse série de couches bien antérieures aux calcaires à Ammonites ; ce que l'on peut constater en Bretagne comme dans l'Hérault, en Angleterre aussi bien qu'en Espagne, etc.

D'autre part en Europe, on rencontre, au-dessus des couches à Ammonites, des sédiments où abon-

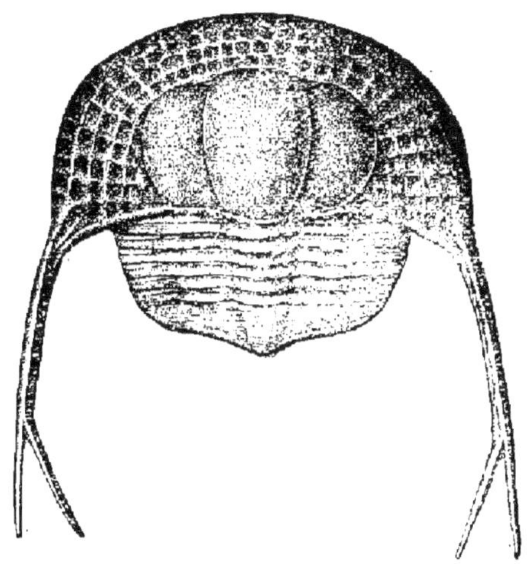

Fig. 29. — Trilobite (*Trinucleus*) des ardoises d'Angers. Grandeur naturelle.

dent des foraminifères particuliers, les *Nummulites* (fig. 30). Ces dernières couches se voient à Paris et surtout dans le Soissonnais, en Italie, en Hongrie, en Égypte et même dans les Indes.

Jamais les Trilobites ne se mêlent aux Ammonites, ni celles-ci aux Nummulites. Les faunes sont bien nettement distinctes, et jamais il n'y a d'inversion dans leur ordre de superposition, à moins de

dislocations postérieures, qui ne sont que des
exceptions.

Ainsi, nous pouvons admettre dès maintenant que
l'histoire de la terre, telle qu'elle peut se déduire de
l'étude des formations sédimentaires, présentera
une série de phénomènes généraux qui seront les
mêmes dans les différentes régions. Nous aurons

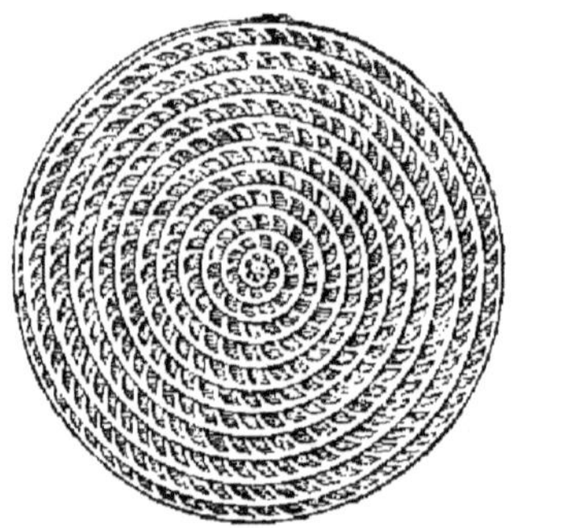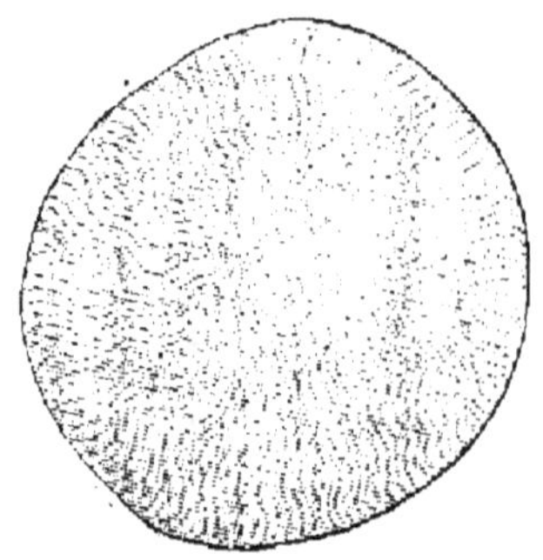

Fig. 50. — Nummulite du Calcaire grossier de Paris. Grossie 5 fois.

donc, en nous laissant guider par la superposition
des masses minérales et par leurs caractères stratigraphiques, bien des moyens sûrs d'établir leur
ordre chronologique.

**Tableau chronologique général des formations
sédimentaires.** — Les exemples que nous avons
cités, et notamment la succession que l'on observe de
Paris à Avallon (fig. 14, p. 15), nous montrent comment
on pourra fixer directement l'ordre chronologique
des masses minérales stratifiées dans une région
d'une certaine étendue; puis en nous transportant
dans une autre contrée, en Angleterre, nous ver-

rons la première série reposer sur d'autres plus anciennes, et l'on augmentera d'autant, par en bas, la liste déjà établie.

Il en sera de même, si l'on observe quelque part, en Italie par exemple, des séries de sédiments reposant sur la série parisienne. La liste s'allongera par en haut.

Établir *un tableau chronologique général des formations sédimentaires* est donc une affaire de simple observation et semble au premier abord ne présenter aucune difficulté.

**Lacunes.** — Toutefois il n'en est pas ainsi : ces séries dont nous venons de parler, comme celle de Paris à Avallon (fig. 14), ou celle de Sainte-Menehould à l'Ardenne (p. 24, fig. 25), se composent de couches superposées si régulièrement qu'elles semblent être la continuation les unes des autres. Aucune discontinuité ne paraît exister dans la sédimentation. Un examen plus attentif montre bientôt qu'il n'en est rien, et que, dans ces séries si régulières, composées d'éléments si concordants, il y a de nombreuses *lacunes*. Un exemple en fournira la preuve irrécusable.

A Laroche-sur-Yonne, près de Joigny, on voit une craie grise (fig. 14, n° 12) légèrement glauconieuse, riche en fossiles, tels que *Scaphites æqualis* (fig. 31), *Ammonites Rothomagensis*, *Turrilites costatus* (fig. 32), etc., qu'on appelle *Craie de Rouen*, et sur laquelle repose immédiatement une craie plus blanche, plus marneuse (n° 13), avec une faune tout à fait différente. Le fossile caractéristique de cette craie est l'*Inoceramus labiatus* (p. 22, fig. 21). La plupart des géologues qui avaient étudié ces couches les avaient considérées comme dues à des formations continues. En effet, elles sont parfaitement concordantes. Sur les côtes de Normandie, du Havre au cap

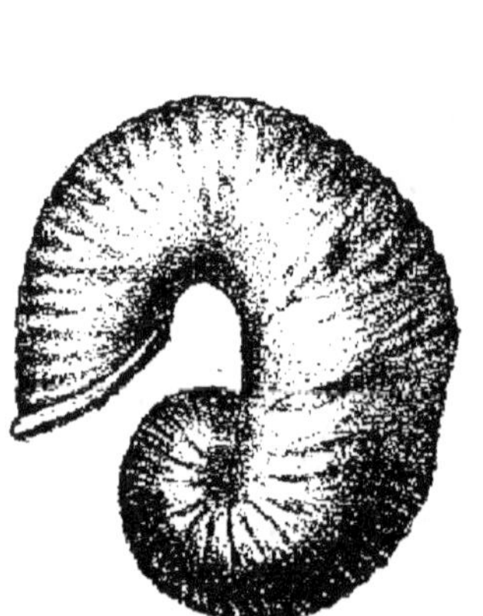

Fig. 51. — *Scaphites æqualis* grandeur naturelle.

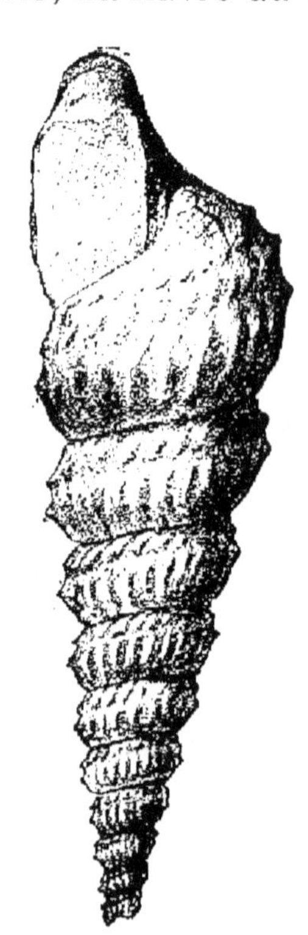

Fig. 52. — *Turrilites costatus* 1/2 grandeur naturelle de la craie de Rouen.

d'Antifer, à Étretat, à Boulogne-sur-Mer, à Rouen, aussi bien qu'à Vitry-le-François, la craie à *Inoceramus labiatus* repose toujours sur la craie à *Turrilites costatus*. Si l'on se dirige vers l'Ouest, on retrouve à Nogent-le-Rotrou (fig. 55) les couches à *Turrilites costatus* et à *Am. Rothomagensis*, mais ici elles sont recouvertes par une assise très puissante de sables et de grès.

Plus loin, vers le Mans, ces grès, appelés *grès du Maine*, qui renferment des huîtres (*Ostrea flabellata* (fig. 34), *O. biauriculata*, etc.), qu'on ne trouve pas dans la craie de Rouen, et des Trigonies spéciales, sont recouverts à leur tour par la craie blanche marneuse à *Inoceramus labiatus*, et il semble qu'il y ait toujours parfaite concordance de stratification.

L'étude du Perche et du Maine montre bien que ces grès, avec leur faune spéciale, représentent une époque particulière de sédimentation, intermédiaire entre la craie de Rouen et la craie à *Inoceramus labiatus*. Pendant cette époque, il ne s'est rien déposé dans le nord du bassin de Paris. Il y a donc dans cette dernière région une *lacune* entre la craie à *Inoceramus labiatus* et la craie de

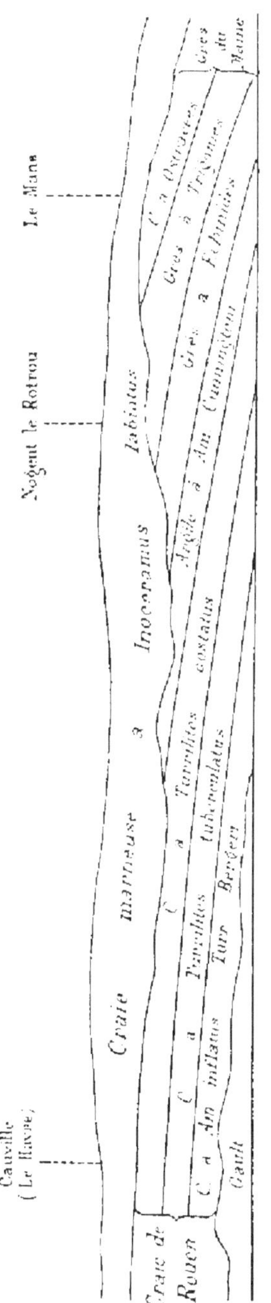

Fig. 35. — Coupe idéale du Havre au Mans.

Rouen, quelles que soient les apparences. Cette
lacune s'explique facilement par des mouvements
oscillatoires du sol. La région du nord-est s'est élevée,
laissant à sec la craie de Rouen récemment formée, tandis que la Touraine et le Perche s'affais-
saient ; alors la mer est entrée en Touraine et dans
le Perche par la vallée de la Loire qui existait déjà,
et y a déposé les grès du Maine. Nous retrouvons

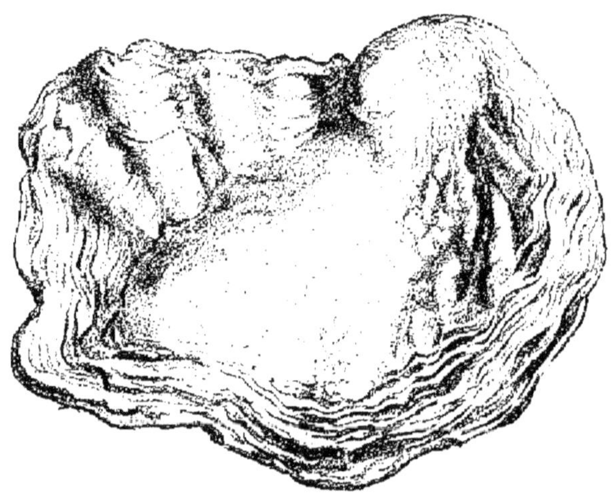

Fig. 51. — *Ostrea flabellata* des grès du Maine. 1/2 grandeur naturelle

ces mêmes grès dans le Midi, entre les couches à
*Inoceramus labiatus* et celles à *Am. Rothomagensis*.
Cette assise n'aurait point été cataloguée si l'on avait
seulement tenu compte de la stratification observée
dans le nord de la France.

On fera de même à l'égard de toute autre assise
qui ne se trouverait point dans la liste établie d'après
les régions qui ont servi de point de départ ; on cher-
chera, soit par la superposition, soit par les carac-

tères paléontologiques, quelles sont les assises
entre lesquelles elle devra être placée. On pourra
ainsi, peu à peu, compléter le tableau général des formations.

**Méthode stratigraphique.** — Le point de départ
des études stratigraphiques a été précisément la
partie septentrionale de la France, à laquelle il
faut réunir le sud-est de l'Angleterre, qui pendant un
laps de temps considérable a fait partie du bassin de
Paris, dont il constituait (p. 29, fig. 26) le canal de
communication avec la mer du Nord déjà exis-
tante.

Deux hommes doués d'un talent d'observation remarquable, Alex. Brongniart en France, et William
Smith en Angleterre, ont presque simultanément
fondé et enseigné, par de larges applications, la *méthode stratigraphique*. L'un et l'autre, Brongniart
en 1808, et Smith seulement en 1815, ont fait
connaître cette loi importante : *que chaque assise
est caractérisée par une faune distincte ;* mais
tous deux s'appuyaient sur des données antérieurement établies et résumaient pour ainsi dire les travaux de leurs contemporains. Il serait, en effet, in-
juste de ne pas rappeler les observations faites aux
environs de Soissons par Poiré, et celles de notre
grand chimiste Lavoisier, qui fut le disciple de Guettard et un bon géologue. Mais ce qui fait l'avantage
de Brongniart, c'est qu'il fut le premier à généraliser
la méthode et à déterminer hardiment l'âge d'une

assise par sa faune. C'est ainsi qu'en 1817, rencontrant à la Montagne des Fiz (Savoie), l'*Ammonites varians* et d'autres fossiles de la craie de Rouen, dans des calcaires noirs et durs considérés jusquelà comme une roche des plus anciennes, il déclara que ces masses minérales, si différentes de la craie par leurs caractères physiques, étaient cependant de la même époque. Ainsi fut établie d'une manière très nette la loi de *contemporanéité des faunes semblables*.

Dès lors les progrès furent rapides. La série chronologique de Brongniart et de Smith fut complétée, dans sa partie supérieure, par M. Desnoyers (1824) et par Constant Prevost (1827) ; ces savants démontrèrent qu'il existe, soit dans l'ouest de la France, soit en Autriche, etc., des assises plus récentes que celles des environs de Paris. Puis, vers 1834, Murchison et Sedgwick firent connaître la succession des couches qui se montrent vers le Pays de Galles, audessous de celles qui avaient fait l'objet des études de W. Smith, les couches à Trilobites. Les géologues américains du Nord reconnaissaient bientôt que ces masses minérales constituent presque entièrement le sol de leur pays, de même que M. Barrande (1840) constatait qu'elles présentent en Bohême les mêmes caractères paléontologiques et une succession semblable.

Ainsi cette loi de la succession invariable des faunes, établie d'après l'étude d'un coin de l'Europe occidentale, s'est trouvée partout conforme aux ob·

servations. Elle est donc bien l'expression de la vérité, et on peut dire qu'elle est la clef de la géologie.

### Premiers résultats généraux des observations.

1° Partout à la surface du globe, à la base de la série sédimentaire, existent de puissantes masses de couches stratifiées, mais à éléments cristallins, comme le granite, et ne présentant ni débris organiques, ni débris de roches préexistantes, ni cailloux roulés, rien en un mot qui puisse indiquer une origine sédimentaire.

2° Quand on passe de ces couches aux plus anciennes assises sédimentaires, à celles qui renferment des trilobites, on ne rencontre d'abord que des fossiles exclusivement marins ; plus tard viendront des végétaux terrestres. Les mollusques marins varient peu, dans la même assise, d'une région à l'autre, et chaque faune est souvent d'une remarquable uniformité à la surface du globe.

3° En passant d'une assise à la suivante, on constate des variations successives tantôt faibles, tantôt très grandes ; quelquefois même, il y a un changement complet de la faune.

4° La première faune, prise dans son ensemble, contient un nombre considérable d'espèces appartenant à des types variés (crustacés, céphalopodes, etc.). Cette faune est même plus riche qu'aucune des autres; on y a recueilli plus de 12 000 espèces.

Puis, il y a eu une diminution progressive, et ensuite un nouveau développement des formes animales.

On constate ainsi que la richesse et la variété des formes sont indépendantes du temps.

5° Ces faits montrent qu'il y a eu une série de phénomènes correspondant chacun à une époque distincte; chaque époque est représentée par une faune spéciale. Mais un changement de faune, de quelque manière qu'il se puisse opérer, suppose un grand laps de temps. L'idée de l'immensité du temps ressort donc de la géologie, comme celle de l'immensité de l'espace ressort de l'astronomie.

**Origine de la vie.** — Ainsi, nous constatons qu'aucun débris organique ne se trouve dans les premières masses stratifiées, et nous verrons bientôt qu'aucun être vivant ne pouvait alors exister sur la terre. Comment donc la vie a-t-elle pu apparaître? Comment tout à coup les animaux se trouvent-ils si nombreux, si variés?

On comprend sans doute la disparition de certaines espèces, de groupes entiers même, lorsque les conditions biologiques sont devenues mauvaises pour eux; mais quelle cause a fait surgir ce nombre immense de types nouveaux, dont quelques-uns se rattachent à peine aux anciens?

Ici, il faut bien l'avouer, notre ignorance est complète; l'observation qui nous révèle tant de faits si curieux, si importants, reste impuissante devant ces graves questions!

D'autres ne craindront pas de vous expliquer ces mystères ; mais ces explications sont de simples hypothèses, que les faits ne peuvent démontrer. Nous sortirions, en les discutant, du domaine scientifique. Ces systèmes d'ailleurs ne sont pas nouveaux ; ils remontent à l'antiquité, et par l'expérience du passé, nous pouvons craindre que l'avenir n'apporte point de solutions scientifiques plus satisfaisantes.

Ainsi, au milieu des révélations réellement merveilleuses de la géologie, nous sommes amenés dès le début à cette conclusion, qu'il y a, dans cette science, comme dans toutes, une limite que l'esprit humain ne peut franchir.

Il s'agit maintenant d'étudier de plus près ces nombreuses séries d'époques géologiques ; mais nous nous demanderons d'abord si, pour faciliter cette étude, il ne serait pas possible d'établir entre ces époques, ou plutôt entre les masses minérales qui les représentent, des groupements qui seraient comme autant de chapitres dans l'histoire du globe.

# II

## CLASSIFICATION ET NOMENCLATURE

Revenons au tableau général et chronologique des formations stratifiées.

Nous avons parlé des ressemblances et des différences que présentent les assises successives. En rapprochant celles qui ont des caractères communs, caractères bien nets surtout au point de vue paléontologique, on établira des groupes naturels.

Les limites des principaux groupes seront en général d'autant plus faciles à fixer qu'elles correspondront à de grands changements dans les faunes, et souvent aussi dans la nature et dans la disposition relative des masses superposées.

Déjà, dans ce qui précède, plusieurs groupes naturels se trouvent pour ainsi dire délimités. C'est ainsi que les schistes cristallins, qui partout constituent la base de la série des masses minérales stratifiées, forment un groupe très naturel, extrêmement puissant, et que l'on peut appeler *azoïque*, en raison de ce qu'on n'y trouve jamais de débris organiques.

Puis vient au-dessus un autre groupe, celui dont la partie principale a été bien caractérisée par Sedgwick et Murchison, et dont la faune est la plus ancienne; ce sera le groupe *paléozoïque* où dominent les Tribolites (fig. 29).

Au-dessus, se trouve la série de calcaires et de marnes à Ammonites (fig. 8, 18, 19, 20), de craie à échinodermes (fig. 6, 7, 22), etc., dont le détail a été si bien établi par W. Smith. C'est la faune médiane, d'où le nom de groupe *mésozoïque*.

Enfin, les masses minérales superposées ou postérieures au système crayeux, constituent la série où abondent les nummulites (fig. 30), et de nombreux mollusques rappelant davantage la faune actuelle, c'est le groupe à faune récente ou *cénozoïque*.

Chacun de ces groupes présente entre les faunes de ses assises plus d'affinités qu'il n'en a avec les autres groupes.

Lorsqu'on examine les rapports stratigraphiques de ces groupes entre eux, d'autres différences importantes se manifestent. Suivons par exemple la route de Sillé-le-Guillaume à Brûlon (Sarthe). La ville de Sillé est construite sur un massif de porphyre, roche non stratifiée. Adossés au porphyre, se présentent, en couches verticales, des schistes argileux avec calcaires dolomitiques intercalés, que l'on suit jusqu'au delà de Parennes; puis vient une série

d'assises fossilifères : d'abord des grès remarquables
par des empreintes qu'on appelle *Bilobites* (fig. 35),
et qui bien probablement sont des traces d'Annelés ;
à la partie supérieure de ces grès se voient des trilobites du genre *Asaphus* ; puis des schistes avec
d'autres trilobites (*Calymene*, *Trinucleus* (fig. 29,

Fig. 35. — Bilobite des grès paléozoïques. Grandeur naturelle.

p. 33), etc. Toutes ces couches continuent à être
presque verticales.

A Brûlon (fig. 36), l'inclinaison est un peu moindre, de sorte que la superposition des assises suivantes sur les précédentes est nettement visible. Ces
nouvelles assises, que l'on peut suivre jusqu'à Sablé
(Mayenne), sont des grès (fig. 36, n° 1), des schistes
(n° 2), des calcaires gris (n° 3), des calcaires noirs
(n° 4) et des schistes à anthracite (n° 5) disposés
comme l'indique le diagramme ci-contre.

De même que les précédentes, toutes ces couches,
au moins les n°ˢ 1, 2, 3 et 4, renferment des trilobites (*Phacops*, *Phillipsia*, etc.). Cette série appartient donc tout entière, de Sillé à Sablé, au groupe

paléozoïque. Les sédiments d'abord horizontaux, ont évidemment été plissés, comme les lames d'un éventail à moitié fermé; mais la succession n'en reste pas moins évidente, grâce aux caractères lithologiques et paléontologiques des couches.

Le groupe paléozoïque est ici directement recouvert par des calcaires (nos 6 et 7) que la présence de nombreuses ammonites classe dans le groupe mésozoïque. Ces calcaires sont restés horizontaux; le plissement de la série paléozoïque s'est donc opéré avant la formation des couches à Ammonites, ce qui établit entre les deux groupes une limite très tranchée, marquée par une discordance complète de stratification.

Qu'on ajoute à cette différence celle que fournissent les faunes, entre les-

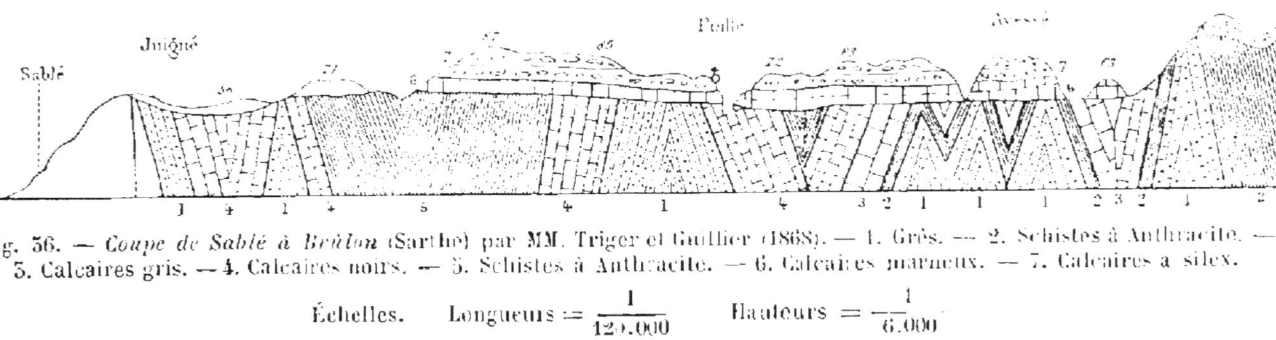


Fig. 56. — *Coupe de Sablé à Brûlon* (Sarthe) par MM. Triger et Guillier (1868). — 1. Grès. — 2. Schistes à Anthracite. — 3. Calcaires gris. — 4. Calcaires noirs. — 5. Schistes à Anthracite. — 6. Calcaires marneux. — 7. Calcaires à silex.

Échelles. Longueurs $= \dfrac{1}{125.000}$ Hauteurs $= \dfrac{1}{6.000}$

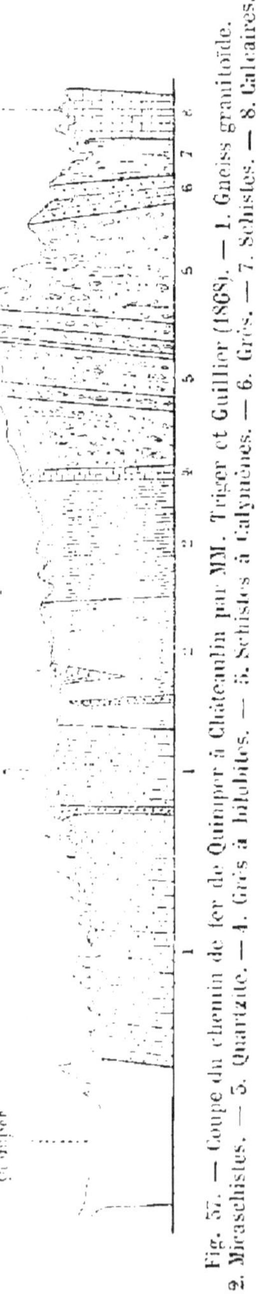



Fig. 57. — Coupe du chemin de fer de Quimper à Châteaulin par MM. Triger et Guillier (1868). — 1. Gneiss granitoïde. — 2. Micaschistes. — 3. Quartzite. — 4. Grès à bilobites. — 5. Schistes à Calymènes. — 6. Grès. — 7. Schistes. — 8. Calcaires.

Échelles. Longueurs $= \dfrac{1}{305.000}$. Hauteurs $= \dfrac{1}{6.000}$

quelles il n'y a pas une espèce commune, et l'on pourra conclure que dans le cas actuel la ligne de démarcation entre les deux groupes présente un double caractère : changement complet de faunes et discordance considérable de stratification.

Il n'en sera pas toujours ainsi ; le groupe azoïque, par exemple, est souvent en concordance avec le groupe paléozoïque. Les tranchées du chemin de fer de Quimper à Châteaulin montrent (fig. 57), près de cette dernière ville, une série de couches verticales de même nature que celles que nous avons vues entre Sillé-le-Guillaume et Sablé.

Nous y retrouvons les mêmes grès à Bilobites (fig. 57, n° 4) ; les schistes à Calymènes (n° 5) ; des grès, des schistes et des calcaires (n[os] 6, 7, 8), qui sont exactement les mêmes couches que celles de Brûlon à Sablé (fig. 56, n[os] 1, 2 et 3) ; mais au-dessous apparaissent les schistes cristallins, micaschistes (n° 2) et gneiss (n° 1), en strates verticales comme les grès paléozoïques. Il y a donc ici concordance entre la série azoïque et la série paléozoïque.

Dans le département de la Manche (fig. 38), on

Fig. 58. — *Coupe de Barenton à Ger* (pars) (Dalimier, Terr. prim. du Cotentin, pl. 2, fig. 1.) — 1. Schistes màclifères. — 2. Grès Armoricain (grès à bilobites). — 3. Schistes ardoisiers à Calymènes.

trouve les schistes à Calymènes (3, fig. 38) et les grès à Bilobites (2) superposés à des schistes sans fossiles (1), remplis de cristaux particuliers, mais à

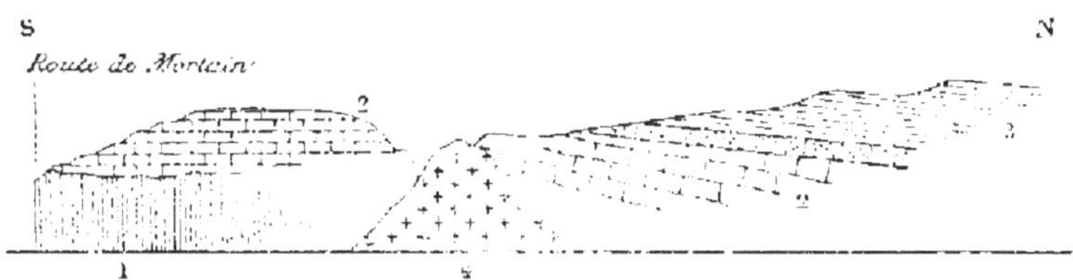



Fig. 39. — *Coupe de la Tournerie à Mortain* (pars) (Dalimier, Terr. prim. du Cotentin, p. 2, fig. 5). — 1. Schistes màclifères. — 2. Grès armoricain à bilobites. — 3. Schistes ardoisiers à Calymènes. — 4. Granite.

texture terreuse et nullement cristalline ; on les appelle *Schistes màclifères.* Tantôt ils sont en concordance avec la série paléozoïque, comme l'indique la fig. 38, tantôt au contraire, comme cela se voit près de Mortain, ces schistes màclifères (1, fig. 59) verticaux sont surmontés par les grès à bilobites (2) horizontaux ; par conséquent, il y a là discordance complète entre les schistes màclifères azoïques et le groupe paléozoïque.

Il y a donc eu, entre la période azoïque et la période paléozoïque, des mouvements considérables du sol, qui n'ont pas, toutefois, affecté des régions bien étendues.

On trouvera de même, au point de vue stratigraphique, des discordances considérables entre le groupe mésozoïque et le groupe cénozoïque. Là, encore, vient se placer une ligne de démarcation de premier ordre.

Voilà donc un premier groupement établi dans notre liste générale des formations stratifiées, à savoir :

1° Groupe azoïque
2° — paléozoïque
3° — mésozoïque
4° — cénozoïque

dont les noms sont en rapport avec l'idée du développement de la vie à la surface du globe. En France, on préfère à cette nomenclature peu euphonique des termes plus simples, comme ceux de *primaire, secondaire, tertiaire*, etc. Seulement, ici, l'usage a prévalu de donner le nom de primaire au groupe paléozoïque, celui de secondaire au groupe mésozoïque, de tertiaire et de quaternaire au groupe cénozoïque.

Quant au groupe azoïque, sa dénomination a beaucoup varié. Aujourd'hui on est mieux renseigné sur la nature des masses minérales qui le composent ; on sait que ces masses tiennent des formations éruptives par la nature et le mode de consolidation de leurs éléments, et des formations sédimentaires, par leur stratification. Il faut les considérer comme ayant une origine distincte intermédiaire.

D'Omalius d'Halloy les appelait *roches cristallophylliennes*, mot qui exprime bien leur nature.

La différence profonde qu'établit, entre ce groupe et les autres, l'absence complète de débris organiques, l'impossibilité de l'existence de la vie, lorsqu'il était en voie de formation, impossibilité que son étude révélera, son mode de formation bien distinct de celui des véritables formations sédimentaires, puisqu'on n'y observe jamais le moindre élément détritique, toutes ces considérations nous engagent à le placer à part, comme représentant des phénomènes spéciaux ; et, comme il est certainement plus ancien que les autres, nous ne voyons pas d'inconvénient à lui donner le nom de *groupe primitif*, qui exprimera que les masses minérales contenues dans ce groupe sont ce qui peut exister de plus ancien à la surface du globe.

On voit donc que, sous le rapport de leur âge relatif, les masses minérales se trouvent nettement classées par les conclusions précédentes.

On voit aussi qu'au point de vue de leur origine, nous ne pouvons pas nous borner à deux sortes de formations, qu'il y en a une troisième, les *forma-tions cristallophylliennes*, et qu'ainsi, sous ce rapport, les masses minérales se divisent en

> *Formations sédimentaires;*
> *Formations cristallophylliennes;*
> *Formations éruptives.*

Cela posé, laissant de côté, pour le moment, les formations éruptives, nous examinerons un peu plus en détail les formations cristallophylliennes et les formations sédimentaires qui leur ont succédé.

Déjà nous avons reconnu que ce grand ensemble se divise en un certain nombre de groupes principaux, ou de premier ordre; si nous prenons chacun de ces groupes, nous verrons aisément qu'il se subdivise en groupes moins étendus ou groupes de deuxième ordre, et ceux-ci en groupes de troisième ordre, etc.

Ce terme *groupe* qui est d'un usage incessant dans le langage courant, doit conserver son acception générale, indéfinie, et il devient nécessaire de désigner par des noms spéciaux les groupes de divers ordres.

Nous prendrons le terme *série* pour les groupes de premier ordre.

Ainsi, nous aurons à examiner successivement les séries suivantes :

1° Série cristallophyllienne ou primitive = azoïque ;
2° Série primaire = paléozoïque ;
3° Série secondaire = mésozoïque ;
4° Série tertiaire, etc. = cénozoïque.

Chacun de ces groupes de premier ordre ou séries se décomposera aisément en groupes moins étendus, plus homogènes, dont toutes les parties se rattacheront plus intimement les unes aux autres, qui constitueront par conséquent des ensembles mieux définis par leurs divers caractères.

Prenons un exemple près de nous. La coupe de Paris à Avallon (p. 15, fig. 14) montre dans la série secondaire deux groupes bien distincts. L'un, de Montereau à Joigny (n^os 14, 13 et 12), est exclusivement composé de craie ; l'autre, de Seignelay à Avallon (n^os 10, 9, 8, 7, 6, 5, 4, 3, 2, 1), renferme des calcaires marneux, oolithiques ou compacts, formant un tout dont les parties se ressemblent. Nous avons vu que les faunes de ces deux groupes sont tout à fait différentes. Il y a donc lieu d'établir ici une division de *second ordre*, dont on reconnaîtra la légitimité dans toute l'Europe aussi bien que dans les autres

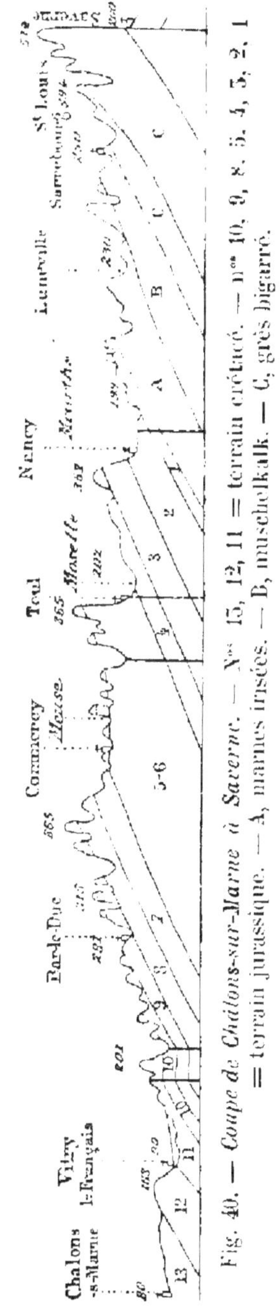

Fig. 40. — *Coupe de Châlons-sur-Marne à Saverne.* — N^os 15, 12, 11 = terrain crétacé. — n^os 10, 9, 8, 7, 6, 5, 4, 3, 2, 1 = terrain jurassique. — A, marnes irisées. — B, muschelkalk. — C, grès bigarré.

continents. Ces groupes de second ordre portent le
nom de *terrains*. Le premier a été appelé *terrain
crétacé*, et le second *terrain jurassique*, parce qu'il
constitue, presqu'à lui seul, la chaine du Jura.

En Lorraine, le groupe jurassique renferme, entre
Bar-le-Duc et Lunéville, la même série d'assises (n$^{os}$ 1
à 10, fig. 40), que de Seignelay à Avallon ; mais en
dessous viennent des marnes de couleurs bariolées A

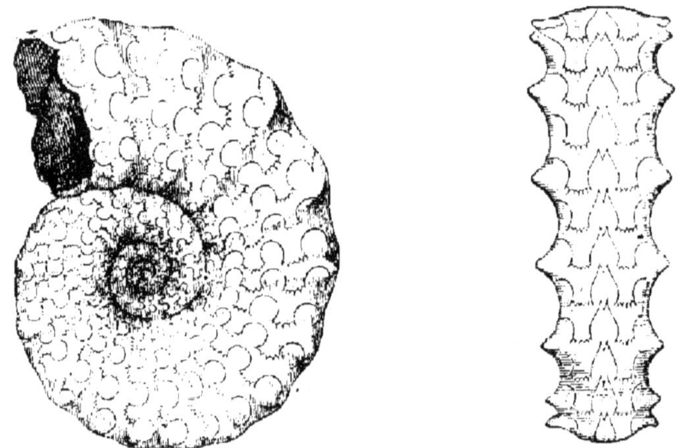

Fig. 41. — *Ceratites nodosus* du mu-chelkalk de Lunéville.
1,5 de grandeur naturelle.

(*marnes irisées*), d'où l'on tire du sel gemme, du
gypse, etc.; puis on voit un calcaire gris de fumée B,
appelé *Muschelkalk* (nom allemand qui signifie calcaire coquillier), renfermant un genre de céphalopodes, *ceratites* (fig. 41), très voisin du genre ammonites. Enfin, au-dessous du Muschelkalk est un grès
C à couleurs variables, le *grès bigarré*, avec une
flore très voisine de celle des marnes irisées. Ces trois
assises se lient intimement l'une à l'autre; on les

considère donc comme faisant partie d'un même ensemble appelé le *trias*.

Les assises qui viennent au-dessous du trias ont, avec la faune et la flore primaires, infiniment plus de rapport qu'avec celles du trias et des couches superposées à ce dernier groupe. Nous établirons donc, immédiatement au-dessous du trias, la limite inférieure du grand groupe ou *série secondaire*.

La *série secondaire* comprend donc trois terrains : le *terrain crétacé*, le *terrain jurassique* et le *terrain triasique*.

De même la *série primaire* se divisera en *terrains* dont les types sont souvent empruntés aux régions où ils ont été reconnus pour la première fois. Ces terrains sont au nombre de quatre : le *terrain pénéen*, le *terrain carbonifère*, le *terrain dévonien*, le *terrain silurien*, auxquels nous ajouterons, à la base, le *terrain archéen*.

Chacun de ces terrains peut se subdiviser, comme on vient de le voir pour le trias, qui présente trois parties très distinctes : les marnes irisées, le muschelkalk et le grès bigarré.

Le terrain de trias et tous les autres terrains sont donc des groupes de second ordre; les divisions de ces groupes ont reçu le nom d'*étages*. Nous aurons donc l'étage des marnes irisées, l'étage du muschelkalk, l'étage du grès bigarré.

Mais l'étage est lui-même un groupe de troisième ordre, dont les parties constitutives portent le nom d'*assises*. Celles-ci se distinguent par des caractères lithologiques ou stratigraphiques.

Il pourra arriver que la nécessité de divisions intermédiaires se fasse sentir; c'est ainsi qu'entre le terrain et l'étage, il y aura lieu quelquefois d'établir un groupe particulier, quand le nombre des étages d'un même terrain sera trop grand; cette subdivision portera le nom de *section*; nous aurons deux sections dans le terrain crétacé, deux ou trois dans le terrain jurassique. De même, entre l'étage et l'assise, nous aurons le *sous-étage*.

*Application à la série tertiaire.* — Appliquons ce qui vient d'être dit à la série tertiaire, qui nous entoure aux environs de Paris, et que nous pouvons aisément examiner. Cette série se divise en trois terrains, savoir, de bas en haut : le terrain *éocène*[1], le terrain *miocène*[2], le terrain *pliocène*.

Le terrain éocène se divise lui-même en trois étages : étage inférieur, appelé *suessonien* par Alc. d'Orbigny, étage moyen (ét. *parisien* d'Orb. pars) et étage supérieur (*parisien* d'Orb. pars).

Pour les subdivisions d'ordre inférieur, prenons comme exemple l'étage de l'éocène moyen. A la base

1. De ἐώς aurore, καινός nouveau, c'est-à-dire terrain où commencent les espèces actuelles; il est toutefois douteux qu'il y ait dans le terrain éocène une seule espèce vivant encore aujourd'hui, à l'exception peut-être d'algues ou de foraminifères.

2. Les mots *miocène*, de μεῖον (moins), et *pliocène*, de πλεῖον (plus), expriment que le premier terrain contient une proportion *plus petite*, et le second une proportion *plus grande* d'espèces récentes. Malgré les critiques fondées que soulèvent ces noms, créés par Lyell, nous les emploierons en raison de leur commodité.

se trouve le *calcaire grossier*, la pierre à bâtir de Paris que l'on a extraite des carrières souterraines, aujourd'hui les *catacombes*, et qui a servi à la construction de la capitale. Il comporte deux divisions bien nettes : la division inférieure renferme un grand nombre de débris de coquilles marines (*cardites*, *nummulites* (fig. 30), *cérithes*, *volutes*, *turritelles*). Dans les carrières des environs de Paris, on y trouve des moules internes d'une grosse coquille, que l'on peut recueillir intacte dans des bancs plus sableux, à Damery, à Chaumont (Oise), à Montmirail, etc. ; c'est le *cerithium giganteum* (fig. 42).

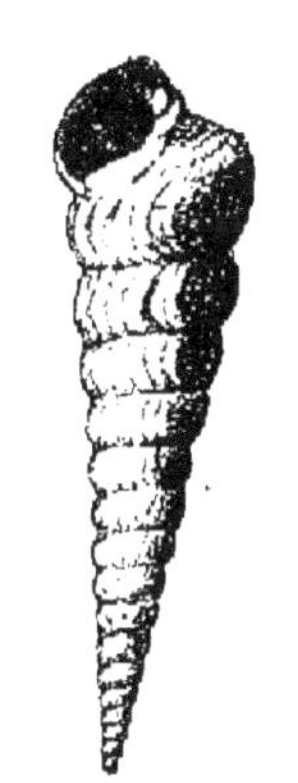

Fig. 43. — *Cerithium lapidum*, des carrières de Gentilly. Gr. nat.

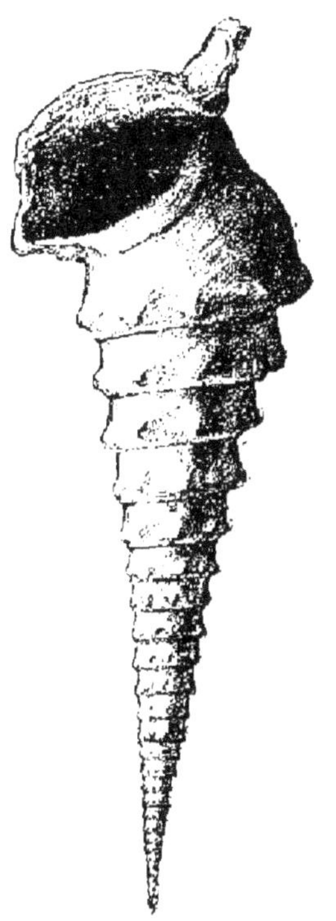

Fig. 42.— *Cerithium giganteum*, de Damery. 1/6 de grandeur naturelle.

Au-dessus, lié intimement avec le calcaire grossier inférieur, vient une deuxième division ; c'est un calcaire rempli de cérithes de petite taille dont on remarque partout les empreintes dans les pierres des soubassements des monuments de Paris ; les espèces les plus communes sont *cerithium lapidum* (fig. 43), *cer. angulosum*, *cer. hexagonum*, *cer. emarginatum*.

Avec ces espèces, se rencontrent des *cyrènes* (fig. 44), genre qui vit dans les eaux saumâtres ; plusieurs lits calcaires ou marneux, renfermant des

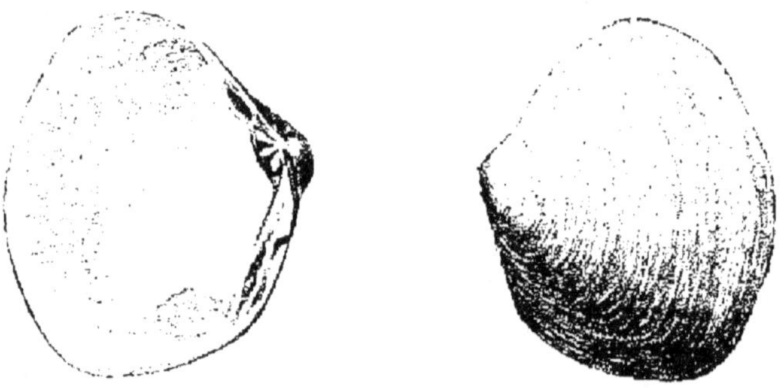

Fig. 44. — *Cyrena depressa* de Mouy (Oise).

limnées, des paludines (fig. 45), etc., sont intercalés dans ces calcaires ; ce sont là des indices de dépôts d'eau douce. Les cérithes eux-mêmes sont des mol-

Fig. 45. — *Paludina Novigentiensis* et son opercule du calc. grossier de Longpont. Grandeur naturelle.

lusques d'estuaires, surtout les espèces dont les coquilles sont peu ornementées comme celles du calcaire grossier supérieur.

Les fossiles du calcaire grossier inférieur appartiennent à une mer salée ; ceux du supérieur indiquent des lagunes, quelquefois même des lacs. Quoique la séparation soit difficile à établir, ce que l'on peut constater dans les carrières de Gentilly, il est certain qu'il y a là deux groupes d'un ordre inférieur, c'est-à-dire deux *assises;* ces assises sont distinctes, mais liées très intimement entre elles.

Sur ce calcaire à cérithes repose, sans aucune liaison, une masse de sables, dits de Beauchamp, qui sont marins (fig. 11, p. 12), surtout à la base. C'est une *troisième assise* que nous plaçons dans l'éocène moyen, parce que sa faune renferme un très grand nombre d'espèces du calcaire grossier. Ces dépôts font donc bien partie d'un même étage.

Les sables de Beauchamp sont recouverts par un calcaire d'eau douce, renfermant des limnées (fig. 12, p. 14) et des planorbes, assez épais et assez constant pour constituer une assise. Mais ces calcaires alternent avec les lits supérieurs des sables, et cette alternance nous oblige à maintenir le calcaire d'eau douce, dit de Saint-Ouen, dans l'éocène moyen dont il formera la *quatrième assise.*

Ainsi l'éocène moyen se compose de quatre assises distinctes; mais il y a entre la deuxième et la troisième une séparation nette, qui n'existe ni entre la première et la deuxième, ni entre la troisième et la quatrième; le groupement de ces trois assises en deux *sous-étages* est donc tout à fait légitime.

L'assise se divise elle-même en parties que l'on peut reconnaître à de grandes distances. Par exem-

ple, tout autour de Paris, et jusqu'à Gisors, Laon,
Reims, etc., on peut reconnaître que les fossiles
contenus dans l'assise inférieure ne sont pas complètement mélangés. Ainsi, à la base du calcaire
grossier se trouve une couche à nummulites (fig. 50,
p. 55) qui n'a qu'une épaisseur de quelques centimètres près de Paris, mais qui atteint 12 à 15 mètres
dans le Soissonnais; c'est là une division bien nette
de l'assise; on lui a donné le nom de *zone*. Au-
dessus vient la couche qui renferme le *cerithium
giganteum* (fig. 45, p. 59); c'est encore une zone.
Plus haut apparaissent des bancs pétris de petits

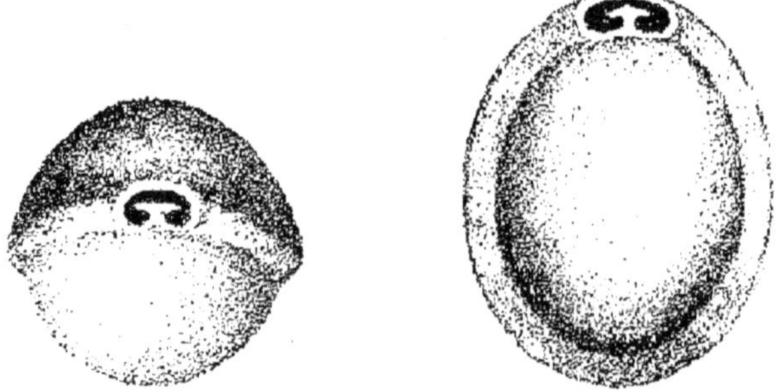

Fig. 46. — Biloculina bulloïdes (*miliolite*). Grossie 15 fois.

grains blancs, qui sont des foraminifères (*miliolites*);
c'est encore une zone.

Des observations semblables faites sur les autres
assises nous amèneront à établir, pour la composition
de l'étage moyen de l'éocène, le tableau suivant :

## ÉTAGE DE L'ÉOCÈNE MOYEN.

| SOUS-ÉTAGES. | | ASSISES. | ZONES. |
|---|---|---|---|
| Supérieur. | Sables de Beauchamp. | 2° Calcaire de Saint-Ouen. | Z. à Limnæa longiscata. |
| | | 1° Sables de Beauchamp. | Z. à Fusus subcarinatus. Z. à Cerithium mutabile. Z. à Turritella sulcifera. |
| Inférieur. | Calcaire. | 2° Calcaire grossier supérieur. | 2° Marnes et caillasses. 1° Calcaire à Cérithes et calc. de Provins. |
| | Grossier. | 1° Calcaire grossier inférieur. | 4° Calcaire à Miliolites. 3° Z. à Corbis pectunculus. 2° Calc. à Cerithium giganteum. 1° Calc. à Nummulites lævigata. |

Les zones sont donc caractérisées par des fossiles particuliers; leur ordre de succession pourra se reconnaître dans des régions plus ou moins étendues, comme dans celle qu'indique ce diagramme (fig. 47), mais elles sont loin de conserver leur caractère spécial à des distances aussi grandes que les *assises*.

C'est ainsi que l'on retrouve autour de Bruxelles l'assise du calcaire grossier inférieur avec sa faune générale ; mais, à l'exception de la *nummulites laevigata* (fig. 50), qui semble bien occuper la base de

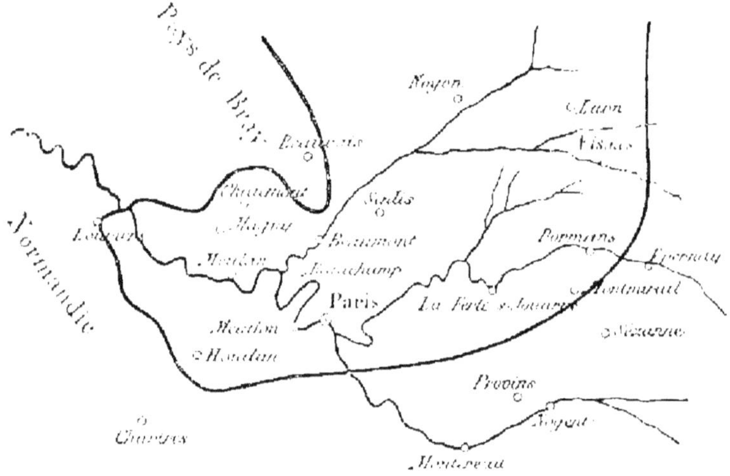


Fig. 47. — *Golfe du calcaire grossier inférieur*, dans le bassin de Paris.

l'assise, les autres zones ne peuvent y être nettement distinguées. Quant à l'assise du calcaire grossier supérieur, ou calcaire à cérithes, elle n'existe pas en Belgique, mais elle se montre dans le Cotentin, toujours au-dessus du calcaire grossier inférieur. On l'a récemment rencontrée en Bretagne avec une faune semblable, mais bien plus riche que dans le bassin de Paris. Elle paraît se retrouver dans le Vicentin, en Hongrie même, et marquer une époque spéciale. La Belgique était certainement émergée lorsque le bassin de Paris, la Bretagne et le Cotentin étaient occupés par les eaux qui ont déposé le calcaire à cérithes, et il en était de même lors du dépôt des sables de Beauchamp.

On voit par cet exemple qu'une assise pourra se différencier non seulement par sa faune, mais encore par son extension géographique. C'est un caractère de plus dont il faudra tenir compte. Il résulte de mouvements généraux du sol, d'exhaussement ou d'affaissement, qui ont changé la distribution des terres et des eaux.

En résumé, les assises ont un caractère paléontologique général qui se reconnaît à de grandes distances ; les zones ont un caractère plus restreint.

La zone elle-même peut se composer d'un nombre plus ou moins considérable de *couches*, de *bancs*, de *lits*, mais ces expressions ne devront pas avoir une acception déterminée dans la nomenclature.

Quelquefois, il sera nécessaire de se servir, dans un sens général, de l'un ou de l'autre des termes auxquels nous avons attribué un sens bien défini. Cela arrivera pour le terme *assise* qui alors ne signifiera plus *division d'un étage*. Cela tient à ce que nous n'avons à notre disposition qu'un nombre de mots insuffisant.

**Résumé de la nomenclature.** — Ainsi, en résumant ce que nous avons dit sur la nomenclature géologique, nous voyons que les *masses minérales* doivent être envisagées à trois points de vue :

1° Au point de vue de leur nature, de leur composition, de leurs caractères minéralogiques, elles portent le nom de *roches*. On dit : roche calcaire, roche siliceuse, roche arénacée , roche granitique, etc.

2° Au point de vue de leur origine, ce sont des *formations*, expression qui n'est que l'abrégé de mode de formation.

Les masses minérales, comme nous l'avons vu, se partagent en trois grandes classes de formations : *formations sédimentaires*, *formations cristallophylliennes*, *formations éruptives*. Chacune de ces classes admettra des formations diverses : les formations sédimentaires comprendront les formations marines, lacustres, pélagiques, littorales, etc.

3° Au point de vue de l'âge, les masses minérales porteront des noms tirés de la nomenclature stratigraphique. Ainsi on dira : le *terrain jurassique*, et non la *formation jurassique*. Dire : *formation crétacée*, ce serait entendre que la masse minérale dont il est question a un mode d'origine analogue à celui de la craie. Ce peut être le cas pour quelques-uns des dépôts actuels de certaines mers.

On devra surtout éviter les expressions de *terrain granitique*, de *terrain porphyrique*, etc. Pour être exact et se conformer, dans le langage, aux idées exprimées ci-dessus, il faudra dire, par exemple : le *terrain* jurassique est une *formation* marine composée de *roches* calcaires, argileuses, etc., ou encore : l'*assise* du calcaire grossier supérieur est une *formation* saumâtre, quelquefois lacustre, composée de *roches* calcaires ou siliceuses, etc.

**Dénomination des diverses divisions.** — Nous avons donné, à propos des groupes appelés *terrains* et *étages*, des exemples qui montrent que chacune des divisions des divers ordres portera un nom particulier : ainsi, *terrain jurassique*, *terrain éocène*, *étage du calcaire grossier*, *étage du grès bigarré*. Ces exemples montrent encore que ces noms ont tantôt une origine géographique, comme terrain jurassique, tantôt une origine purement minéralogique, comme terrain carbonifère ; tantôt ils dérivent d'idées toutes différentes, comme terrain éocène.

Certains géologues voudraient que, dans la nomenclature, on ne se servît que de noms ayant même origine et même désinence pour les groupes d'un même ordre. Mais on arrive ainsi à créer un langage barbare ; aussi, jusqu'à nouvel ordre, nous adopterons ce mélange de noms d'origines et de terminaisons diverses.

**Nomenclature chronologique.** — La nomenclature qui vient d'être exposée est purement stratigraphique ; mais elle est en même temps chronologique, et il nous arrivera souvent, pour exprimer les durées correspondantes aux groupes sédimentaires de divers ordres, d'avoir recours aux termes employés dans la chronologie historique, comme *ère*, *âge*, *période*, *époque*. Malheureusement, ces termes sont trop peu nombreux, et même il n'y a que les deux derniers qui soient d'un usage ordinaire. *Époque* exprime un laps de temps moindre que *période ;* nous l'appliquerons aux groupes de moindre étendue, comme la zone ou l'assise : *époque* du *calcaire grossier inférieur*, ou *époque* de la *nummulites laevigata*. Nous ferons correspondre *période* à étage et à terrain : *période* du calcaire grossier, *période* jurassique.

On peut à la rigueur employer le mot *âge* pour les groupes de premier ordre, et dire : *âge secondaire*, etc.

**Classification chronologique des formations éruptives.** — Les notions générales qui viennent d'être exposées s'appliquent exclusivement aux *formations sédimentaires*, qui, à elles seules, constituent plus des trois quarts de la surface du globe. Mais les formations éruptives présentent-elles également une succession régulière et constante? Y a-t-il un rapport entre leur nature et l'époque de leur apparition?

Longtemps on a cru qu'une même roche pouvait avoir fait éruption à des époques très différentes; que le *granite*, par exemple, était venu au jour au commencement de la série primaire et pendant l'âge tertiaire. Aujourd'hui, il paraît bien démontré que tous ces granites tertiaires ne sont que des variétés de *trachyte*.

Sans nier *a priori* que des masses minérales de nature identique aient pu venir au jour à des moments différents, l'observation semble démontrer que les éruptions ont varié avec les époques.

Comment déterminer l'âge d'une formation éruptive?

Il est certain qu'une roche éruptive qui en traverse une autre est plus récente que celle-ci ; de même, lorsqu'elle renferme empâtés au milieu de ses propres éléments des débris d'une autre masse minérale, on peut être assuré que la roche éruptive, à l'état fluide, a arraché et entraîné des fragments de la roche encaissante, et qu'elle les a conservés comme témoins en se solidifiant.

De même encore, lorsqu'on rencontre dans une couche d'origine sédimentaire, des fragments rema-

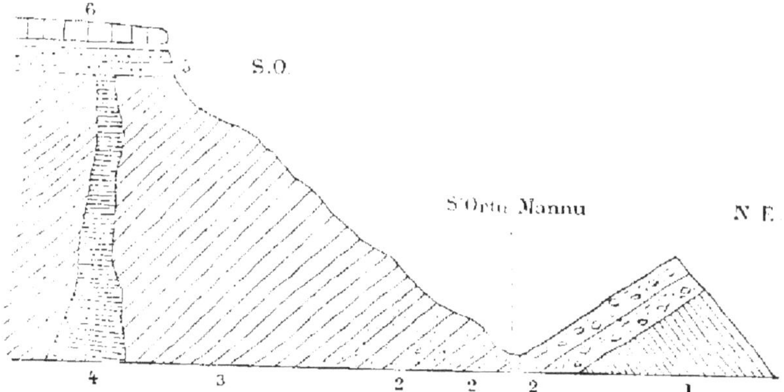



Fig. 48. — *Coupe de S'Ortu Mannu* (de La Marmora — *Descr. géol. de la Sardaigne.* Vol. 1, p. 9, 1857). — 1. Schistes primaires, plongeant au N. E — 2. Poudingues schisteux, plongeant au S. O. — 3. Schistes à Anthracite, plongeant au S. O. — 4. Filon de porphyre. — 5. Grès jurassique. — 6. Calcaire jurassique.

niés ou roulés d'une roche éruptive, il est bien certain que la roche éruptive est plus ancienne. Nous possédons donc le moyen de déterminer des limites précises entre lesquelles se trouve compris l'âge de la formation éruptive.

E.
Romanèche
108
89
M. d'Avux
Azolette
Tour

Fig. 49. — Coupe des montagnes du Beaujolais (Dufrénoy). — Explic. de la Carte géol. de France, vol. 1, p. 159, 1842). — 1. Granite. — 2. Porphyre. — 3. Trias. — 4, 5. Terrain jurassique.

Mais ce genre d'observation présente de grandes difficultés, et les résultats acquis sont encore peu nombreux. Les conclusions que l'on peut en tirer aujourd'hui ne doivent pas être posées sous une forme trop absolue.

Quelquefois l'observation donne des faits concluants. Ainsi M. de La Marmora a relevé à S'Ortu Mannu la coupe ci-contre (fig. 48) :

Des schistes primaires (1), des grès et des schistes (2, 3) avec anthracite et appartenant au terrain carbonifère (primaire supérieur), sont assez fortement inclinés ; un dyke vertical de porphyre (4) traverse ces dernières couches. Le tout est recouvert par un chapeau jurassique horizontal (5 et 6). Ces faits indiquent que la masse éruptive est postérieure au terrain carbonifère et antérieure au terrain jurassique.

La plus ancienne des formations éruptives est le *granite :* toutes les autres formations éruptives l'ont traversé et il n'en traverse aucune.

Citons quelques exemples :

Les montagnes du Beaujolais (fig. 49) nous montrent le porphyre (2) traversant le granite (1). Celui-ci forme les flancs de la montagne dont la masse est constituée par du porphyre (2. 2). Le porphyre a traversé le granite par une large déchirure, et en a même enlevé des lambeaux (1′) qui se retrouvent sur les flancs du mont d'Ajoux. Le porphyre est donc certainement postérieur au granite.

En Sardaigne, une coupe relevée par M. de la Mar-

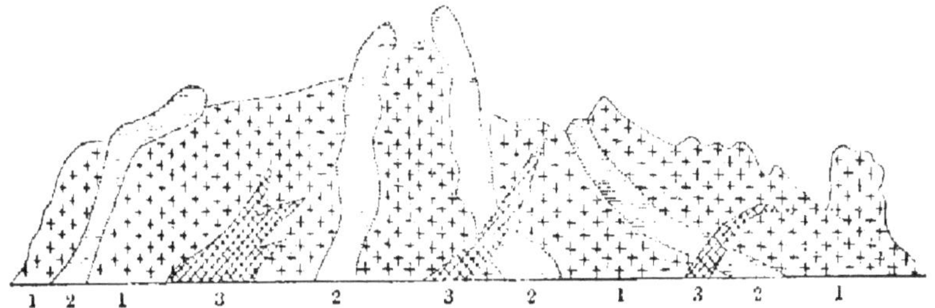

Fig. 50. — *Coupe de Bellavista* (La Marmora, vol. 1, p. 450). — 1. Granite. — 2. Porphyre rouge quartzifère. — 5. Porphyre dioritique.

mora (fig. 50) à Bellavista nous présente un massif granitique (1. 1. 1) dans lequel a pénétré un porphyre quartzifère (2. 2. 2); mais la diorite (3. 3. 3) a tra-

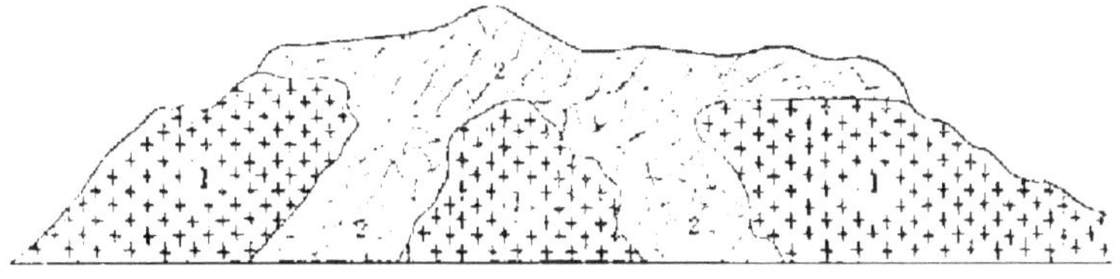

Fig. 51. — Coupe de Santa-Vittoria (La Marmora, vol. 1, p. 513).
1. Granite. — 2. Trachyte.

versé ces deux roches, elle est par conséquent plus récente.

Ailleurs, à Santa-Vittoria (fig. 51), le granite (1. 1)

est traversé par le trachyte (2. 2). Ailleurs encore, ce sera, comme à la Roche-Rouge, près du Puy-en-Velay (fig. 52), le basalte qui traversera le granite et y formera un dyke. Ce dyke pousse des ramifications dans

Fig. 52. — *La Roche-Rouge près du Puy.* — 1. Granite. — 2. Basalte avec fragments *a, a, a,* de granite.

la masse granitique, et montre çà et là, dans toute sa hauteur, des blocs plus ou moins gros (*a, a, a,* etc.) de granite empâtés dans la roche basaltique.

En Auvergne, des faits semblables ne sont pas rares ; et, comme le basalte y a fait éruption par de véritables volcans, certaines bombes volcaniques renferment des fragments de granite arrachés par la lave à la roche encaissante.

Ces différents exemples, auxquels on pourrait en ajouter beaucoup d'autres, montrent que le granite est bien la formation éruptive la plus ancienne, en même temps qu'ils donnent une idée de la succession

chronologique des principales formations éruptives.
Partout, en effet, cette succession se présente dans
le même ordre.

Pour aller plus loin dans la détermination de l'âge
de ces masses minérales, il faut étudier leurs relations avec les formations sédimentaires. Déjà nous
avons eu (*ante*, p. 17) à montrer quelques-unes de
ces relations.

Ainsi, au mont Pilat (fig. 15, p. 18), le granite traverse le gneiss dont il a empâté de gros fragments ;
il est donc plus récent que le gneiss. Il en est de
même par rapport aux micaschistes : à Villefort
(fig. 16), près du mont Lozère, les micaschistes
sont également traversés par le granite, qui a entraîné de volumineux lambeaux de la roche schisteuse encaissante. Ces lambeaux constituent de véritables îlots au milieu d'une région granitique.

Ces pénétrations de granite dans les schistes cristallins sont visibles, non seulement sur place et en
grand, mais dans des échantillons de roches de faibles dimensions. On voit souvent, dans les dalles
des trottoirs de Paris, de nombreux fragments schisteux englobés dans la pâte du granite.

Il suit de ces derniers faits que les masses cristallophylliennes se sont formées avant la sortie des
granites, et les gneiss granitoïdes, qui en constituent
la base, doivent être considérés comme la masse
minérale la plus ancienne du globe terrestre.

La limite supérieure de l'âge du granite n'est pas
encore suffisamment établie pour que nous puissions

nous arrêter sur ce point. On sait que certaines variétés ou espèces de granite sont plus récentes que le granite dont il a été question dans les exemples précédents. On les a désignées par d'autres noms : la *granulite*, par exemple, dont la *pegmatite* est un accident. Mais quelles sont les masses sédimentaires les plus récentes que ces roches ont traversées ? C'est un sujet qui a besoin d'être élucidé avant d'entrer dans l'enseignement.

Quant aux autres formations éruptives citées plus haut, les porphyres, les trachytes, etc., elles ont toutes fait leur apparition beaucoup plus tard ; c'est ainsi que nous avons cité un exemple (p. 69, fig. 48) d'un porphyre qui a fait éruption entre la fin du terrain carbonifère et le terrain jurassique.

Il est vrai que l'intervalle est grand, puisqu'il comprend la période pénéenne et la période triasique. Pour être mieux fixé sur l'âge de ce porphyre, il faudrait trouver des exemples de son intercalation entre deux assises plus rapprochées dans la série chronologique.

Ce que nous venons de dire suffit pour indiquer la méthode à suivre dans la détermination de l'âge des formations éruptives. Sous le rapport chronologique, elles seront complètement subordonnées aux formations sédimentaires, dont elles emprunteront la nomenclature.

Tel granite sera *primitif*, tel autre *archéen*, etc. ; on aura des porphyres carbonifères, des porphyres pénéens, des basaltes miocènes ou pliocènes, etc.

Le tableau suivant, limité aux groupes de premier et de second ordre, récapitulera la classification géologique générale, telle qu'elle vient d'être exposée, en y ajoutant toutefois, pour les séries sédimentaires, une série nouvelle, la série quaternaire, qui comprendra les formations plus récentes que celles de la série tertiaire, mais antérieures à la période actuelle. Les formations modernes (page 5) appartiennent en effet aux *phénomènes actuels;* elles ne font point, à proprement parler, partie des périodes géologiques.

## CLASSIFICATION ET NOMENCLATURE.

| GROUPES DE 1er ORDRE.<br>Séries. | | GROUPES DE 2e ORDRE.<br>Terrains. |
|---|---|---|
| | Quaternaire. | |
| | Tertiaire<br>(Cénozoïque). | Pliocène.<br>Miocène.<br>Éocène, |
| SÉDIMENTAIRES. | Secondaire<br>(Mésozoïque). | Crétacé.<br>Jurassique.<br>Triasique. |
| | Primaire<br>(Paléozoïque). | Pénéen.<br>Carbonifère.<br>Dévonien.<br>Silurien.<br>Archéen. |
| Cristallo-<br>phylliennes. | Primitive<br>(Azoïque). | |
| Éruptives. | Granites. — Porphyres. — Diorites. —<br>Trachytes, Basaltes, etc. | |

*(colonne de gauche : FORMATIONS)*

Nous pourrions, maintenant que nous sommes en
possession du cadre que nous avons à remplir, com-
mencer l'exposition détaillée des phénomènes qui

forment l'histoire de la terre ; mais, auparavant, il nous reste à signaler quelques conséquences générales importantes, auxquelles l'observation nous conduit, et qui faciliteront singulièrement l'intelligence de ces phénomènes, surtout des plus anciens.

# III

## ÉTAT INITIAL DU GLOBE TERRESTRE.
## ÉTAT ACTUEL

**A. Refroidissement du globe.** — 1° *Anciens climats*. — Nous avons vu plus haut (page 7), qu'à une époque relativement récente, des hippopotames et des éléphants vivaient dans le nord de la France, dont le climat était alors plus chaud qu'aujourd'hui. Cette époque, on peut le présumer d'après ce qui a été dit, et nous le démontrerons plus tard, est postérieure à la formation des assises tertiaires des environs de Paris.

A une époque plus ancienne (*miocène*), les faluns de Touraine nous ont montré une faune tropicale; des palmiers croissaient à Paris à l'époque du calcaire grossier (*éocène*).

Bien des faits de ce genre nous prouvent le refroidissement du nord de la France; mais ce phénomène n'est pas particulier à cette région, il est général. Pendant la période tertiaire, la terre tout entière était à une température plus élevée qu'aujourd'hui. Au milieu de cette période, une végétation analogue à celle de l'Europe centrale prospérait au Groënland, actuellement couvert de glaces permanentes.

Remontons dans la série primaire, au terrain carbonifère qui nous fournit la houille. Cette houille est le produit d'une végétation sur place, et les couches qui la renferment contiennent des fougères arborescentes, d'énormes lycopodiacées, de gigantesques prêles, qui indiquent une puissance de végétation des plus remarquables, et une température non seulement tropicale, mais supérieure même à celle des régions équatoriales.

Or, ces dépôts de houille, superposés à des calcaires de formation marine, se trouvent à des latitudes les plus variées, en Europe comme en Amérique, et même sur les terres polaires, jusqu'à 78° 40′ de latitude Nord. Les mêmes espèces de végétaux et d'animaux ont été recueillies dans ces dépôts, au Spitzberg, à l'île Melville, en Europe, en Amérique, dans l'Inde et en Australie.

Ces faits nous amènent à admettre qu'alors la zone polaire jouissait d'une température très élevée, et que cette température était à peu près la même sur toute la surface du globe.

Nous pouvons donc conclure : 1° qu'il y avait une température fort élevée et uniforme à la surface du globe pendant une partie au moins de la période primaire ; 2° que l'abaissement de cette température a été progressif, puisque le Groënland avait perdu, au milieu de la période tertiaire, cette température tropicale, pour prendre un climat tempéré. Par 70° de latitude Nord, il était alors couvert de chênes, de platanes, de châtaigniers ; il y avait une belle vigne à larges feuilles, un magnolia à feuilles persistantes, etc. C'était le climat actuel des bords du lac Léman. Ce fait établit, pour la zone arctique, une différence de 16° à 17° centigrades entre la température de cette époque et la température actuelle.

Des dépôts de végétaux fossiles rencontrés en divers points des régions arctiques montrent que, pendant la période tertiaire, les zones climatériques existaient, et qu'à cette époque, par conséquent, le mouvement de rotation de la terre s'exécutait autour de son axe actuel.

Ainsi, l'étude des corps organisés fossiles démontre le refroidissement du globe.

2° *Refroidissement démontré par les masses éruptives.* — Une perte considérable de chaleur a eu lieu lors de l'apparition des roches éruptives. Ces masses sont venues dans un état de fluidité analogue à celui des laves ; elles ont traversé les roches solides formées antérieurement et se sont solidifiées par leur refroidissement à l'extérieur.

Sans parler des basaltes et des trachytes qui, dans certaines régions, comme l'Auvergne, constituent des massifs considérables, le granite à lui seul forme une partie notable de la surface terrestre, et il s'étend en profondeur à des distances inconnues. Le refroidissement dû à cette cause spéciale est donc important. Avant leur éruption, ces masses emmagasinaient à l'intérieur de la terre une quantité énorme de chaleur, qui est venue successivement se dissiper dans l'espace.

Par suite des éruptions porphyriques et autres, la déperdition de chaleur continue, mais sur des proportions moindres, et l'on peut dire que le même phénomène se produit encore par les volcans.

Cette cause de refroidissement a, comme la première, subi une diminution progressive.

**B. Constitution interne du globe.** — D'autres conséquences se déduisent encore de ces faits. Nous avons dit que le granite est venu de l'intérieur de la terre à l'état de fluidité, il faudrait peut-être dire de viscosité, et qu'il a traversé des schistes cristallins déjà solidifiés, dont les caractères, à en juger par les morceaux qu'il a englobés, étaient dès lors les mêmes qu'actuellement. Avant son éruption, le granite se trouvait, sous cette première enveloppe de schistes cristallins, à la température nécessaire au maintien de sa fluidité; il y formait une couche interne générale, et n'est sorti de l'intérieur de la terre que par suite de certains phénomènes qui lui ont livré passage.

Puisque les porphyres ont partout traversé le granite, la masse fluide qui leur a donné naissance devait constituer intérieurement une autre zone, concentrique à la zone granitique, et il est permis de supposer que cette dernière était complètement cristallisée lorsque les premiers porphyres ont fait leur apparition. Puis, le basalte est venu en dernier lieu ; pour faire éruption, il a traversé les autres roches de même origine. Plus dense que celles-ci, le basalte occupait une zone plus intérieure, restée fluide quand les autres devaient être déjà cristallisées.

Nous arrivons ainsi à pouvoir nous faire une idée approximative de la constitution du globe terrestre avant le commencement des éruptions. Nous aurons en effet, en allant de l'extérieur à l'intérieur, et en nous bornant aux parties les plus essentielles, prises simplement comme exemples :

1° La partie alors solide de la surface, formée de schistes cristallins et traversée plus tard par le granite, c'est-à-dire la série primitive ;

2° Au-dessous de la série primitive, une zone composée des éléments qui ont constitué les roches granitiques ;

3° Plus bas, une zone qui a donné naissance aux roches porphyriques.

4° Plus bas encore, une masse fluide à éléments différents, où les minéraux pesants sont plus nombreux, c'est la masse fluide basaltique qui existe encore, car c'est elle qui alimente les volcans actuels.

Ainsi, il y avait dès l'origine, ou bien il s'est successivement produit une sorte de stratification dans la masse fluide interne. Dans chacune de ces zones plus ou moins fluides ou visqueuses, les phénomènes de cristallisation ont dû être successifs, certains éléments se consolidant avant l'éruption, tandis que les autres restaient à l'état fluide.

**C. Formation de l'enveloppe par cristallisation.** — Nous venons de parler de l'enveloppe primitive de la terre; nous avons vu plus haut qu'elle était constituée par les roches cristallophylliennes, c'est-à-dire par les gneiss, les micaschistes, etc. Comment s'est formée cette enveloppe primitive ?

Le gneiss renferme les mêmes éléments minéralogiques que le granite. Les gneiss de la base de la série cristallophyllienne se rapprochent beaucoup du granite; les éléments y sont disposés presque comme dans cette roche, aussi leur a-t-on donné le nom de *gneiss granitoïdes*. Toutefois, considérés en grandes masses, ils s'en distinguent nettement par une véritable stratification; mais chaque strate est évidemment le produit d'une cristallisation sur place. Dans les gneiss qui composent le reste de la série, et surtout dans les micaschistes, la structure devient schisteuse et présente au plus haut degré le caractère de la stratification; mais jamais on n'y trouve de conglomérat, de cailloux roulés, aucun élément détritique, en un mot, rien de ce qui caractérise les vraies formations sédimentaires. L'étude microscopique n'y révèle également que des phénomènes de cristallisation sur place.

Ce que nous considérons comme faisant partie de l'enveloppe primitive, semble donc s'être constitué par voie de cristallisation tranquille, d'où est résulté une série de lits plus ou moins minces. Les premiers lits ont eux-mêmes pu être pénétrés par des infiltrations de la matière fluide sous-jacente.

**D. État initial du globe. — Fluidité ignée. —** Il résulte de ce qui précède que, lorsque l'enveloppe primitive commença à se former, ce fut par un mode de cristallisation analogue à celui du granite lui-même, mais opéré sur place. Avant sa consolidation qui a été la conséquence du refroidissement, elle était donc à l'état fluide ou visqueux et à une température élevée. Or, le gneiss existe sur toute la surface du globe avec des caractères identiques. A ce moment donc, toute la surface du globe, aussi bien que la masse interne, était à l'état de *fluidité ignée*.

**E. Forme de la terre. —** Ce résultat de la fluidité ignée primitive du globe terrestre, auquel nous conduisent directement les observations géologiques, est tout à fait conforme aux données fournies par l'astronomie. On démontre, en effet, que la terre a exactement la forme, renflée à l'équateur, aplatie aux pôles, que doit prendre une masse fluide tournant autour d'un axe de révolution. Cet aplatissement est de 21 kilomètres. C'est environ $\frac{1}{300}$ du rayon équatorial. Cette grande inégalité, la plus grande que présente la surface terrestre, est donc intimement liée au mode de formation du globe.

**Histoire générale du globe terrestre.** — Entre *l'état initial* et *l'état actuel* s'est déroulée toute la série des phénomènes de toute nature dont la succession constitue l'*histoire du globe terrestre*. Ces phénomènes vont se classer naturellement.

*Succession des phénomènes.* — 1° La terre à l'état de fluidité ignée se meut dans l'espace, entourée d'une atmosphère composée non seulement des gaz actuels, mais de toutes les substances qui, à cette température, évaluée à 2000 degrés environ, doivent être à l'état gazeux, notamment l'eau, qui remplit actuellement les bassins des mers, les chlorures, les fluorures alcalins, etc. Cette atmosphère devait donc exercer à la surface du globe une pression considérable; on estime qu'elle était alors 250 à 500 fois ce qu'elle est aujourd'hui.

2° Les espaces dans lesquels la terre se meut étaient à une température bien plus basse que la masse fluide terrestre; celle-ci se refroidit. Les parties les moins denses de la masse fluide sont à la surface, toutes prêtes à passer à l'état solide, car ce sont les plus réfractaires, celles dont le point de solidification est le plus élevé. Les silicates alcalins cristallisent en fixant l'alumine et une partie de la silice; celle-ci, en excès, s'isole en traînées de quartz.

Ainsi prennent naissance les premiers gneiss, les gneiss granitoïdes, où un troisième minéral, le mica, s'associant au feldspath et au quartz, vient introduire le fer et la magnésie.

Nous avons essayé de figurer, dans le tableau ci-

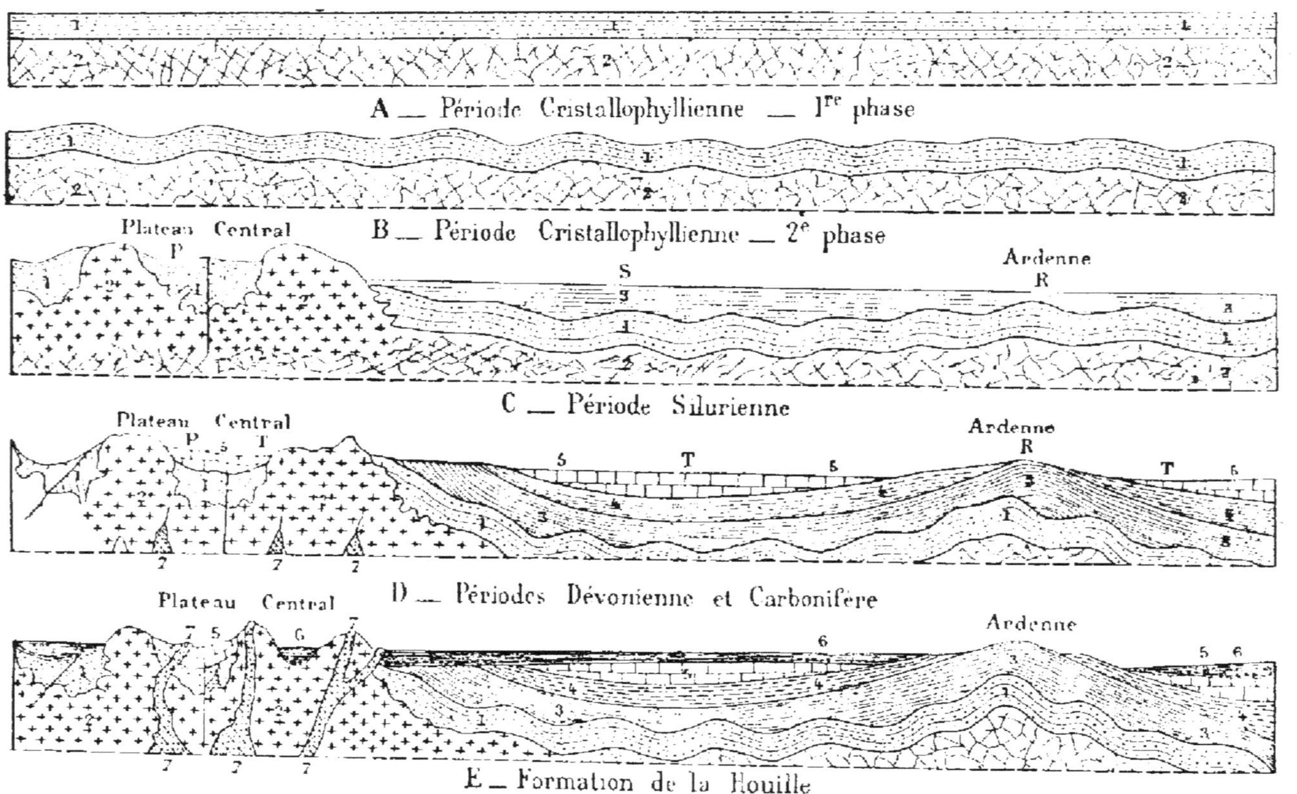


Fig. 33. — Formation successive

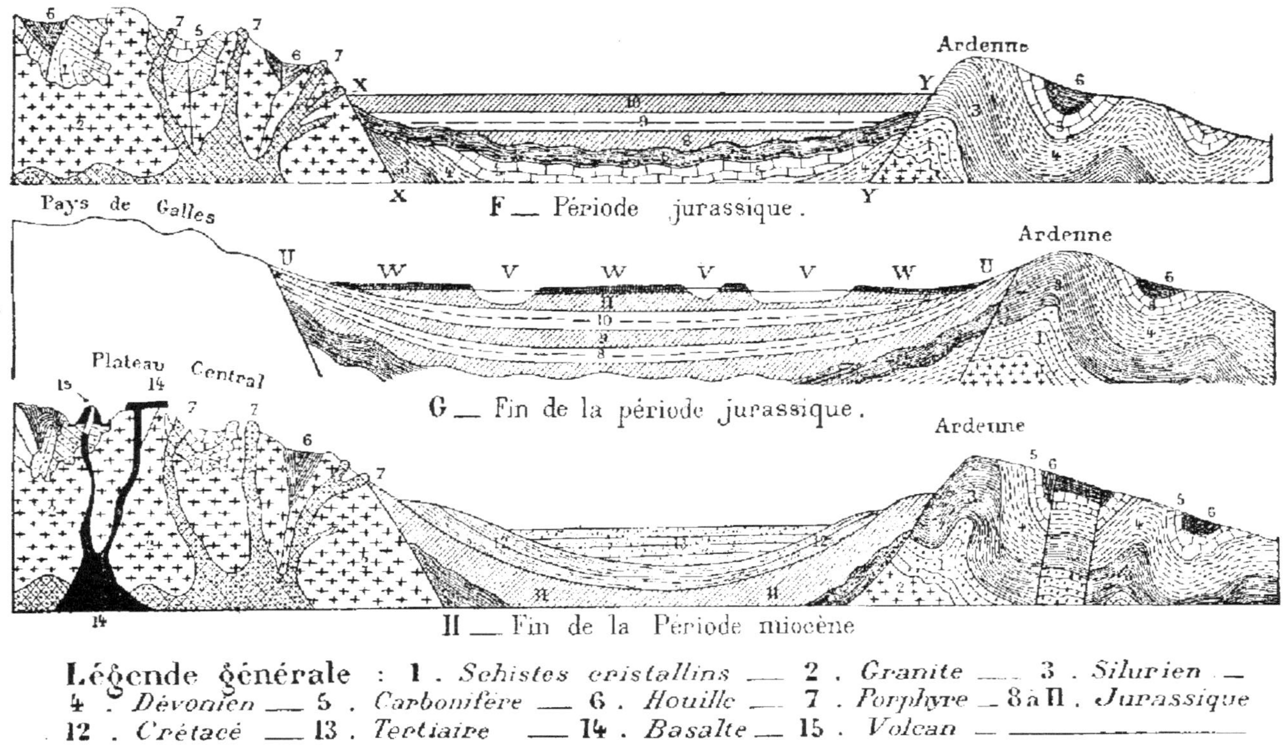

Plateau central.
Ardenne
Pays de Galles
de l'Écorce terrestre.
F — Période jurassique.
Ardenne
Plateau Central
G — Fin de la période jurassique.
Ardenne
H — Fin de la Période miocène
Légende générale : 1 . Schistes cristallins — 2 . Granite — 3 . Silurien —
4 . Dévonien — 5 . Carbonifère — 6 . Houille — 7 . Porphyre — 8 à 11 . Jurassique
12 . Crétacé — 13 . Tertiaire — 14 . Basalte — 15 . Volcan —

joint (fig. 55), les principales phases de la formation successive de l'écorce terrestre.

Le diagramme A représente la première phase, celle de la période cristallophyllienne, lorsqu'une croûte solide I, I, se produit par refroidissement et cristallisation.

5° Dès qu'une première enveloppe solide a été formée, le rayonnement de la chaleur, émanant de la masse fluide, s'est trouvé supprimé. La température de l'atmosphère, privée de cette source de chaleur, n'a plus suffi à maintenir à l'état gazeux tous les éléments volatils qui s'y trouvaient; ils se sont successivement condensés. Sans aucun doute, au contact de l'enveloppe solide, mince et chaude, bien des phénomènes physiques et chimiques ont dû se passer : volatilisation nouvelle d'une partie de ces éléments, cristallisation de quelques autres au milieu d'un liquide non plus igné, mais néanmoins à une haute température et sous une pression énorme. L'action de ce liquide sur la première enveloppe solide a dû produire des dégradations, des corrosions; on le constate au microscope. La mobilité de ce liquide doit déterminer une stratification plus complète; c'est alors, probablement, que se sont formés les gneiss feuilletés, les micaschistes, les talcschistes, les schistes amphiboliques, les schistes chlorités, etc., en un mot toute la série des schistes cristallins.

Avec le gneiss feuilleté commencent à apparaître des calcaires qui renferment du mica, du grenat, etc. : on les appelle *calcaires cipolins*. Dans les Alpes, on les rencontre à ce niveau en bandes parfaitement régulières.

Il est à remarquer que ces masses superposées présentent dans leur stratification une telle régularité, une absence si complète de toute discordance, qu'il est impossible de ne pas admettre que ce sont là des dépôts opérés dans les conditions de *la plus grande tranquillité*, quelque variés qu'aient été les phénomènes auxquels ils sont dus.

Il est à remarquer aussi, qu'à ce moment, il ne pouvait exister aucune inégalité, aucune saillie à la surface du globe ; nulle part, les recherches les plus attentives n'en fournissent de traces.

On peut donc considérer le diagramme A comme représentant la surface de la terre, à la fin de la période cristallophyllienne ; 1, 1, 1, étant l'enveloppe solide formée de schistes cristallins ; 2, 2, 2, la partie extérieure de la masse fluide.

4° On comprend que le refroidissement du globe terrestre s'effectuait non seulement à la surface, mais aussi dans la masse elle-même. La température de cette masse baissant peu à peu, son volume diminuait. L'enveloppe 1, 1, 1 devenant trop grande, et adhérant d'ailleurs intimement au fluide interne 2, 2, 2, a dû se plisser en suivant ce fluide dans son mouvement de retrait. De là sont venues les premières irrégularités du sol (fig. 55 B).

5° Les plissements de l'enveloppe terrestre augmentent par suite du refroidissement, et déterminent sur la masse interne des pressions qui réagissent sur l'enveloppe; mais celle-ci n'est point également résistante; les concavités constituent des points où la résistance est à son maximum; les convexités, au contraire, sont les points faibles. Il en résulte que si le refroidissement continue, si la contraction est plus grande, l'enveloppe se déchirera en ces points faibles (fig. 53 C), et donnera passage à la masse interne 2 ; celle-ci, à l'état pâteux, s'élèvera par les ouvertures, s'y refroidira, en soudera les parois, et contribuera à former les rudiments des montagnes.

On conçoit que, dans les premiers temps, l'écorce étant plus mince, les déchirures étaient larges, étendues, et la masse fluide sortait en abondance; c'était alors le granite.

6° Après l'éruption du granite, des saillies existent, bien accusées; elles sont séparées par des dépressions où, par suite du refroidissement plus grand, l'eau se précipite en plus grande abondance et constitue l'élément prédominant. Elle tombe sur des surfaces chaudes encore, se volatilise de nouveau, et retombe en pluies abondantes, qui, chargées d'acide carbonique, agissent sur les saillies émergées, en dissolvent ou entraînent certaines parties; il en résulte un phénomène de charriage analogue au phénomène actuel. Des océans semblables à ceux d'aujourd'hui arrachent aux rivages des fragments de roches, d'où des brèches, des conglomérats, des dépôts composés de matières détritiques; c'est le commencement des formations sédimentaires.

A cette époque encore, la température pouvait être

trop élevée pour permettre de vivre aux êtres organisés ; et, en effet, on rencontre en beaucoup de points de semblables dépôts complètement dépourvus de débris organiques. Les phénomènes de cristallisation indiqués précédemment pourront même y continuer. En Saxe, on voit des galets roulés de gneiss ancien, au milieu de gneiss plus récent dont les caractères sont très voisins des gneiss étudiés dans la série primitive. En d'autres localités, dans le Beaujolais, par exemple, M. Munier-Chalmas a constaté la présence de blocs de micaschistes dans des assises de gneiss. En Angleterre et en Amérique, on observe des blocs de granite et de gneiss dans des couches cristallines.

Ainsi, alors qu'en certaines régions les sédiments pouvaient encore cristalliser, il se produisait en même temps des phénomènes de sédimentation ordinaire. Il est donc très difficile d'établir les limites d'un pareil groupe, et ces limites ne peuvent être que provisoires. Malgré cette incertitude, nous placerons ces premières masses véritablement sédimentaires, mais encore azoïques, dans un groupe à part, auquel nous donnerons le nom d'*archéen*, nom créé par l'auteur américain Dana, qui lui donnait une signification un peu plus étendue.

7° La température continue à diminuer ; elle est assez basse pour que la vie soit possible à la surface du globe. Les premiers débris organiques que l'on retrouve sont marins ; les fucus ne sont pas rares, mais moins fréquents que les animaux. On ne connaît jusqu'ici aucun débris terrestre avec cette première faune par laquelle débute le terrain silurien.

Le diagramme (fig. 55 C) pourra représenter le relief, à cette époque, de la France septentrionale entre le plateau central et la Belgique: en P, un massif composé de schistes cristallins (1, 1, 1) et de granite (2, 2) constitue une partie du plateau central; en S, une dépression occupée par la mer silurienne s'étend depuis le plateau central jusqu'en Belgique. L'Ardenne n'existait point encore, les sédiments siluriens 3, 3, dont elle est formée, se déposaient alors horizontalement.

8° Avant la fin de cette période, un pli saillant R se produit au lieu où est l'Ardenne et limite au nord-est le bassin de Paris (fig. 55 D). Les sédiments dévoniens 4, 4, 4, caractérisés par une nouvelle faune, recouvrent en discordance complète, des deux côtés de la saillie ardennaise, le silurien 3, 3, 3, raviné et démantelé.

9° Le bassin s'affaisse de nouveau, et les plis saillants qui le bordent s'élèvent encore. La mer carbonifère T (diagr. D), d'une étendue un peu moindre, dépose dans les deux bassins, en parfaite concordance, des sédiments nouveaux 5, 5, 5, riches d'une faune presque entièrement différente de la précédente. Elle pénètre même dans quelques vallées du massif central.

10° Puis, par suite d'un exhaussement général qui affecte toute l'Europe septentrionale, la mer se retire vers le Nord. Les grands golfes marins se trouvent remplacés par des lagunes ou par des lacs, où croît une puissante végétation qui donne naissance à la houille 6,6,6 (fig. 53 E).

L'alternance de minces couches marines avec les couches d'eau douce indique que la mer n'était pas loin, et revenait quelquefois recouvrir son ancien domaine. Cet exhaussement avait augmenté le relief des continents ; les eaux venant des régions émergées charriaient des cailloux et des graviers qui formaient des poudingues.

11° Puis vient une nouvelle formation marine, qui correspond au terrain pénéen, et clot la série primitive.

*Marche des fluides internes.* — Mais que deviennent les masses fluides internes, à ces différentes époques ? La température diminuant, devait déterminer de nouvelles cristallisations.

Des émanations granitiques ont succédé à la principale, avec des caractères un peu différents. Mais la masse porphyrique 7, 7, 7 devait suivre les masses supérieures dans leur mouvement de flexion (fig. 53 D), s'infiltrer dans leurs fissures, et bientôt de nouvelles fractures lui livrent une issue (fig. 53 E).

Il faut remarquer ici que ces phénomènes de plissement et de fracture de l'enveloppe terrestre doivent en général se continuer dans le même sens. Dès le premier plissement effectué, ainsi que nous l'avons dit, la résistance était moindre dans les saillies et plus grande dans les dépressions. Il était donc tout simple que, lors d'une nouvelle contraction de l'écorce, d'un nouveau mouvement, les saillies dussent céder sous l'effort, s'élever, et par suite déterminer entre elles un approfondissement des dépressions.

Cette différence au point de vue des résistances du sol n'a fait que s'accroître avec le temps, par suite de l'accumulation des sédiments dans les dépressions, sédiments qui forment une série de cuvettes plus épaisses au centre que sur les bords. Cette disposition est éminemment propre à fortifier les parties concaves contre tout effort provenant de l'intérieur de la terre. C'est pourquoi les phénomènes éruptifs se sont en général produits dans les régions montagneuses.

Les éruptions porphyriques eurent lieu pour la plupart après le dépôt du calcaire carbonifère. Certains porphyres n'ont pas traversé le terrain houiller ; on reconnaît en effet, à la base de ce terrain, des poudingues dans lesquels il entre des fragments de ces porphyres.

12° Mais l'écorce terrestre a augmenté d'épaisseur, et par le refroidissement qui a permis à une nouvelle portion du fluide intérieur de cristalliser, et par l'action extérieure des eaux, accumulant sans cesse de nouveaux sédiments dans les dépressions. La rigidité de l'enveloppe étant plus grande et sa flexibilité moindre, ce ne sont plus de larges déchirures, s'ouvrant principalement dans les saillies qui restent constamment le point de moindre résistance, mais des fractures plus ou moins étendues et régulières, donnant à travers toutes les masses existantes, granite ou sédiments stratifiés, un passage au fluide porphyrique.

Le relief du plateau central est considérablement modifié par ces nouvelles éruptions. Les dômes granitiques s'entr'ouvrent, et les saillies porphyriques du Morvan, du Beaujolais, du Forez, etc., constituent de véritables montagnes. Ces éruptions se sont renouvelées à plusieurs reprises, amenant au jour des produits dont la nature, en général, varie d'une époque à l'autre.

Indépendamment des éruptions, des oscillations considérables, des plissements sans nombre, sont le résultat de cette contraction de l'écorce terrestre. De grandes cassures viennent détacher les unes des autres des parties importantes du sol. C'est ainsi qu'à la fin de la période primaire (fig. 53F), l'Ardenne et les régions circonvoisines sont fortement plissées. Il en est de même des masses sédimentaires du Morvan, du Roannais, etc., singulièrement contournées, disloquées, et relevées souvent jusqu'à la verticale.

Entre l'Ardenne et le plateau central, les formations sédimentaires qui rattachaient ces deux saillies en ont été nettement séparées par deux grandes cassures ou *failles* (XX, YY), et ont disparu dans la profondeur, laissant une nouvelle dépression (XY) que les mers secondaires vont occuper.

13° La figure 53 G représente la partie du golfe jurassique située entre l'Ardenne et le pays de Galles

(Angleterre). Il y a accumulation, les uns sur les autres, de nouveaux et nombreux sédiments marins (G. n° 8-11), jusqu'à ce qu'un phénomène général d'exhaussement fasse de nouveau émerger le fond du bassin, laisse à la place du golfe UU des lacs d'eaux douces ou saumâtres V, V, V, et permette à la végétation terrestre de se développer sur les anciens sédiments marins, en W, W, W. Des formations lacustres ou saumâtres se déposent alors dans les dépressions qui subsistent. Cette époque correspond à la fin de la période jurassique. Alors l'Europe était généralement émergée, comme à la fin de l'âge primaire.

14° Puis un mouvement d'affaissement se produit, la mer revient remplir les anciennes dépressions; elle dépose le terrain crétacé (fig. 55, II, 12). Pendant cette période, le sol continue à s'infléchir tantôt d'un côté, tantôt de l'autre. Les périodes jurassique, crétacée et même éocène, malgré leur longue durée, semblent n'avoir pas eu de phénomènes éruptifs.

15° Mais à la fin de la période miocène, il s'est produit dans les saillies montagneuses des cassures nouvelles. En Auvergne, par exemple (fig. 55 II), de nouvelles masses minérales sont venues des zones inférieures profondes, et par des issues étroites, ce sont les trachytes et les basaltes (14). Ces dernières roches forment en général des dykes, au milieu des autres roches éruptives ou sédimentaires. Plus résistants que les roches encaissantes, ces dykes ont été peu à peu dégagés, et ils sont souvent restés à l'état de murs verticaux.

A des époques plus récentes, et encore à l'époque actuelle, les issues deviennent de plus en plus difficiles. Il n'y a plus de ces longues fentes d'où sont sorties les nappes de basalte de l'Auvergne ; ce n'est que par des orifices restreints, et surtout dans les points de croisement de ces fentes, qui demeurent des points de plus facile éruption, que la masse fluide interne peut arriver au jour.

C'est ce qui a eu lieu pour les volcans à cratères d'Auvergne, et surtout pour les volcans actuels. Les phénomènes éruptifs ont présenté alors un caractère nouveau. Ces orifices sont facilement obstrués par les débris des parois des cheminées. La masse fluide, comprimée par le fait de la contraction de l'enveloppe, exerce une forte pression sur cette espèce d'obturateur. En outre, presque toujours des infiltrations souterraines amènent de l'eau au contact du fluide incandescent ; la force élastique de la vapeur d'eau s'ajoute à l'effet des pressions internes. Il y a bientôt explosion ; toute la masse des matériaux qui fermait l'orifice, et la croûte solide de la masse fluide, sont lancées en l'air, et celle-ci monte et se déverse par l'orifice que l'on appelle *cratère*. Ces matières projetées finissent par constituer une montagne conique, souvent fort élevée, portant le cratère à son sommet. Il pourra alors arriver que le poids de la colonne de lave, qui remplit cette haute cheminée, détermine une issue dans quelque point de la paroi latérale.

Ces phénomènes de projection et les produits qui

en dérivent, ne se montrent que dans les éruptions des époques récentes, et notamment dans celles des roches basaltiques. Aussi, doit-on distinguer par une dénomination particulière, et appeler *formations volcaniques*, celles qui sont accompagnées de projections, et celles-ci seulement ; les autres formations éruptives seront dites *formations plutoniques*.

Telle est l'explication naturelle de toutes les éruptions anciennes et modernes. Une preuve bien remarquable de l'existence du fluide igné interne est fournie par les volcans des îles Sandwich. Le cratère de l'un d'eux a 2 ou 3 kilomètres de diamètre, il ne s'obstrue pas ; il reste constamment rempli d'un lac de lave incandescente, soumise à des variations de niveau résultant des mouvements d'oscillation de l'enveloppe terrestre. Ce niveau peut quelquefois atteindre les bords du cratère, et alors la lave se déverse sans explosion, sans projections ; ou bien elle se fraye un passage à travers quelque partie moins résistante des parois de la montagne.

**État actuel du globe terrestre.** — Étant démontré que le globe terrestre est composé aujourd'hui d'une masse fluide interne, recouverte d'une enveloppe solide dont nous avons raconté le mode de formation, pouvons-nous avoir une idée de l'épaisseur de cette enveloppe? Nous allons le rechercher, en nous appuyant toujours sur l'observation.

La température de la surface de la terre est variable des pôles à l'équateur ; elle varie aussi en chaque point avec les saisons ; mais cette variation n'est pas la même à la surface qu'à une certaine profondeur. En hiver, nos caves sont plus chaudes que l'air extérieur, en été, elles le sont moins. Toutefois, si elles sont peu profondes, elles sont plus chaudes en été qu'en hiver, mais les variations y sont moindres qu'à l'extérieur. A Paris, à 28 mètres environ au-dessous de la surface du sol, la température reste tout à fait indépendante des saisons, et se maintient à 11°C.

Au delà de 28 mètres, la température augmente d'environ 1° pour 30 mètres ; on l'a constaté nombre de fois dans les puits de mines et dans les puits artésiens. Ce phénomène a été reconnu partout où l'on a fait des sondages ; ainsi en Sibérie, à Jakoutsk, où la température moyenne est d'environ — 10°, le sol est gelé jusqu'à une grande profondeur, 120 mètres ; à partir de ce point, on a trouvé une augmentation de 1° par 20 mètres.

Bien que les résultats obtenus par ce genre d'observations ne soient pas uniformes, et qu'ils ne s'appliquent qu'à des proportions relativement petites par rapport au rayon terrestre, ils indiquent cependant, d'une manière certaine, une augmentation régulière de température, à partir d'une faible profondeur, au delà de laquelle l'action solaire ne s'exerce plus. Cette augmentation de la température avec la profondeur tient, par conséquent, à la cause interne qui s'est manifestée à nous par de si nombreux phénomènes, et quelle qu'en soit la mesure exacte, nous en tirons naturellement cette notion :

que le point de fusibilité des roches les plus réfractaires doit être assez promptement atteint. Un degré
par 50 mètres donne 100° à 5000 mètres, 5000° à
90 kil; or, toutes les roches sont fusibles à des tem-
pératures bien inférieures à celle-ci. Cette épaisseur,
que nous donnons à l'enveloppe solide, peut être
considérée comme un *maximum*, et cependant, ce
n'est pas le $\frac{1}{70}$ du rayon équatorial.

**Épaisseur de l'écorce terrestre.** — On peut donc

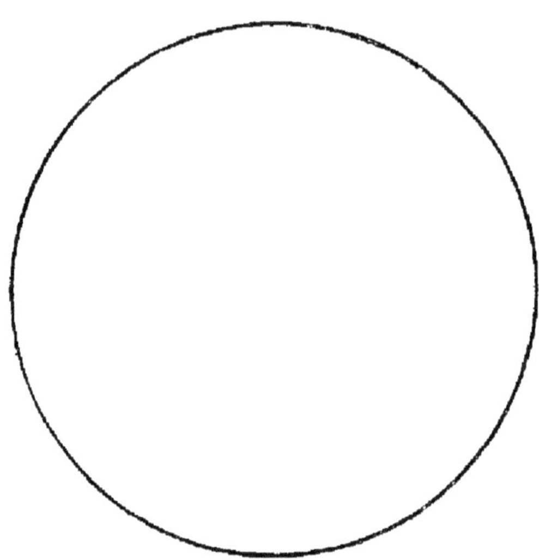

Fig. 54. — Dimensions relatives du globe terrestre et de l'écorce solidifiée.

légitimement supposer que cette épaisseur de l'enveloppe solide n'est pas la centième partie du rayon
terrestre. Sur un globe de un mètre de rayon,
l'enveloppe n'aurait qu'un centimètre d'épaisseur.
Sur ce globe (fig. 54), dont le rayon a 0^m,025,
l'enveloppe solide aurait 1/4 de millimètre d'épaisseur. Elle ne pourrait être représentée que par le

trait qui limite le contour de cette figure. Voilà pourquoi on se sert de ce mot *écorce*, et encore l'écorce terrestre, qui nous sépare de la masse fluide, est-elle en réalité proportionnellement beaucoup plus mince qu'une écorce quelconque. On comprend maintenant combien cette écorce doit facilement manifester les mouvements que produit la contraction due au refroidissement.

Les exhaussements de certaines régions, les affaissements de certaines autres, les tremblements de terre, les dislocations, les crevasses qui souvent les accompagnent, sont une conséquence toute naturelle de cette mobilité. C'est dans les régions de moindre résistance, comme les pays de montagnes, et surtout les contrées volcaniques, qu'ils se montrent le plus fréquemment.

Pour tous ces phénomènes, l'idée du refroidissement du globe est une explication claire et suffisante ; il est tout à fait inutile, comme on l'a fait quelquefois, de recourir à des phénomènes dus à des *marées* internes, ou bien à des gaz enfermés dans l'intérieur de la terre ; pour les volcans, la production des gaz est un des effets, et non la cause des phénomènes.

Comme nous l'avons montré plus haut, la cause principale de tous les mouvements de l'écorce terrestre, est la contraction par suite du refroidissement. Une fois le mouvement commencé, les inégalités ont dû s'accroître en général dans le même sens, et cela pour plusieurs raisons : 1° par le fait même de la forme acquise déterminant des résistances inégales ; 2° par l'augmentation de pression résultant des sédiments déposés sur les dépressions ; 3° par une troisième cause qui a été mise en lumière par M. Faye ; les eaux qui couvrent les grandes dépressions sont toujours à une température basse. Ainsi, dans les mers équatoriales, d'après M. de Tessan, à une profondeur de 5740 mètres, la température de l'eau, par suite des courants polaires, est de 1°,4. A cette profondeur, sur terre, la température serait de 111°. Pour retrouver dans la même région une pareille température, il faudrait descendre à 5000 mètres au dessous du fond de la mer. La présence de la mer est donc une cause de perturbation dans la régularité des surfaces isothermes, elle les rend plus concaves. En outre, d'après M. Faye, les roches imbibées d'eau du fond des mers doivent se refroidir plus rapidement que les roches sèches du continent. De là une plus grande épaisseur et une plus grande densité de l'écorce terrestre sous les mers, état de choses qui tend à faciliter les plissements.

Cette plus grande densité des dépressions, par rapport aux parties en relief, explique pourquoi l'intensité de la pesanteur, mesurée par les oscillations du pendule, est partout la même, en pleine mer sur des petites îles, aussi bien que dans le voisinage des hautes montagnes, ce qui avait fait penser à certains géodésistes que le Pic de Ténériffe, les Pyrénées, le mont Dore, etc., étaient creux. La différence de densité seule est cause de ce qui, au premier abord, semble une anomalie.

**Stabilité de l'écorce terrestre.** — Certes, la constitution actuelle du globe terrestre, telle que nous venons de l'exposer, pourrait inspirer quelque crainte pour la sûreté de ses habitants, qui n'ont sous les pieds qu'un sol si mince, discontinu, fracturé, sorte de mosaïque dont les compartiments sont plus ou moins soudés par les roches éruptives.

Mais en examinant les choses de plus près, on se rassure bientôt. La densité des masses minérales qui composent l'enveloppe est à peine de 2,5, et celle du basalte, la plus lourde de toutes les roches connues, est égale à 3 ; la pierre d'aimant, qui n'est qu'un accident minéralogique, a pour densité 5. Or, la terre, considérée dans son ensemble, a une densité de 5,5 à 6. Il faut donc que les parties intérieures, malgré leur fluidité, soient beaucoup plus pesantes que celles de l'extérieur. Ce fait est d'accord avec ce que nous avons déjà dit de la plus grande densité des laves modernes par rapport aux formations éruptives anciennes ; elles viennent d'une plus grande profondeur.

Pour donner une idée de cette densité, Élie de Beaumont avait l'habitude, dans ses cours, de supposer la terre partagée en trois enveloppes concentriques d'égale épaisseur, dont la densité croissait, de la circonférence au centre, suivant une progression arithmétique : la densité de la zone supérieure étant 2,75, celle de la zone moyenne sera de $2,75 + x$, et celle de la zone interne de $2,75 + 2x$. Un calcul facile à comprendre donnera 8,25 pour la valeur de $x$, et les trois densités seront respectivement : 2,75 ; 11 ; 19,25. Quoi qu'il en soit de cette hypothèse, elle démontre que le centre du globe doit être occupé par des matières fort pesantes sur lesquelles l'écorce peut flotter, sans danger de s'y enfoncer.

**Influence du refroidissement sur la distribution des êtres organisés.** — En terminant l'exposé de ces considérations générales, nous appellerons un instant l'attention sur l'influence qu'à dû avoir, dans les périodes géologiques, le refroidissement du globe sur la distribution des êtres organisés. Aujourd'hui, la température de la surface terrestre est due en grande partie au soleil, mais non pas entièrement, puisqu'à une certaine profondeur, variable avec la latitude, les saisons n'ont plus d'action, et que la chaleur centrale se fait seule sentir en se propageant dans l'enveloppe ; seulement, en raison du peu de conductibilité de l'enveloppe, cette seconde source calorifique exerce une action beaucoup moindre que celle du soleil ; de là la grande inégalité des climats terrestres.

Or, cette différence, l'observation des flores et des faunes anciennes le montre, s'est accentuée avec le temps, et si l'on remonte dans le passé, on la trouve de moins en moins grande jusqu'à l'époque de la formation de la houille, époque à laquelle la température paraît avoir été uniforme à la surface du globe, puisque les mêmes végétaux croissaient au

Spitzberg et autres régions circumpolaires, en Europe aussi bien qu'en Australie, etc., et que les mêmes animaux vivaient dans les mers, des pôles à l'équateur.

Cette uniformité de température indique une prédominance de la source calorifique interne sur la la chaleur due au soleil; c'est une conséquence nécessaire de la moindre épaisseur de l'écorce terrestre. Peut-être même pourrait-on aller plus loin, et dire que le refroidissement de la masse terrestre l'ayant amenée à un certain moment à avoir une température uniforme sur toute sa surface, puis ayant successivement établi une différence de plus en plus grande entre les pôles et l'équateur, la même loi a dû présider au refroidissement pendant les époques antérieures à la houille. Les pôles auraient donc eu pendant cette période une température supérieure à celle de l'équateur, comme si leur voisinage plus grand du centre leur permettait alors de recevoir une plus grande quantité de chaleur[1].

Les pôles se sont refroidis suivant une loi plus rapide que les régions tropicales, mais, de même que les grands reliefs du globe sont des accidents récents, de même aussi on peut dire que les climats extrêmes sont un phénomène récent, puisque, à la fin de la période tertiaire, il y avait

---

1. Je n'émets cette hypothèse qu'avec la plus extrême réserve, et surtout dans le but d'attirer, sur cette importante question, l'attention des géomètres et des physiciens.

encore au Groënland une végétation de climat au moins tempéré.


Telles sont les données générales que l'observation nous révèle sur le passé et sur le présent de notre planète. Naturellement, une question se présente à l'esprit. Que sera l'avenir de la terre? La terre continuant à se refroidir, la cause des dislocations persiste, et l'histoire de celles-ci peut faire craindre qu'elles ne soient pas moins considérables dans les époques futures. C'est encore un de ces mystères qu'il ne nous sera pas donné d'éclaircir; seulement, ce qui peut nous tranquilliser, c'est que la cause des dislocations n'agit plus qu'avec une extrême lenteur.

Plus la terre se refroidira, plus sera grande la profondeur à laquelle on constatera l'accroissement de 1°. Or, Fourier a calculé qu'il faudra 30 000 ans pour que l'accroissement de chaleur interne ne soit plus que de 1/2° pour 30 mètres. Nous sommes donc dans un état presque stationnaire, si nous apprécions le temps par nos moyens chronométriques ordinaires.


Les considérations générales qui ont été exposées dans tout ce qui précède, peuvent être regardées comme un résumé de la *géologie stratigraphique*.

En nous laissant guider uniquement par l'observation, nous avons successivement :

1° Expliqué les phénomènes anciens, l'origine et la disposition des masses minérales, par les phénomènes actuels;

2° Établi la succession chronologique de ces masses, leur classification et leur nomenclature;

3° Déduit l'état initial du globe terrestre et esquissé la série des phénomènes dont il a été le théâtre jusqu'à son état actuel.

Si dans ces dernières déductions, nous avons quelquefois dépassé de beaucoup la portée de l'observation, le lecteur aura pu remarquer que nos conclusions, en prenant le caractère hypothétique, n'étaient données que comme des probabilités, et non plus avec ce cachet de certitude qui accompagne les conséquences directes des faits constatés.

Il nous resterait actuellement à reprendre l'exposition méthodique et chronologique des phénomènes de toute nature, physiques, mécaniques, ou biologiques, qui se sont accomplis pendant les périodes géologiques. Ces phénomènes constituent un merveilleux ensemble, à peine entrevu, il y a un siècle, par quelques esprits d'élite, et qui classent aujourd'hui la géologie parmi les sciences les plus belles et les plus rigoureuses.

Mais cette exposition, malgré le haut intérêt qu'elle présenterait, nous entraînerait bien au delà des limites que nous avons assignées à cet opuscule, nous la réservons pour un travail ultérieur, que nous pensons pouvoir terminer dans un délai plus ou moins rapproché

# LISTE DES FOSSILES FIGURÉS

## CLASSÉS DANS L'ORDRE STRATIGRAPHIQUE


Grès de formation actuelle avec *Mytilus edulis* et *Cardium edule*. . p. 4. fig. 1. \
Molaire d'éléphant d'Asie. . . . . . . p. 6, fig. 3. ⎱ Période moderne.

Molaire d'*Elephas primigenius* . . . p. 6, fig. 2. \
Mâchoire inférieure d'*Eleph. primiginius*. . . . . . . . . . . . . . p. 7, fig. 4. ⎱ Période quaternaire.

Tête de *Dinotherium giganteum*. Terrain miocène, étage moyen. . . . p. 11, fig. 10. \
*Lucina columbella*. Miocène moyen. p. 10, fig. 9. \
Calcaire de Beauce perforé. Miocène moyen. . . . . . . . . . . . . p. 8, fig. 5. \
*Nymphœa arethusæ*. Miocène inférieur. . . . . . . . . . . . . . . p. 14, fig. 13. \
*Lymnæa pyramidalis*. Éocène moyen. p. 14, fig. 12. \
Grès de Beauchamp avec *Cerithium tuberculatum, Cardita coravium*, etc. Éocène moyen . . . . . . . p. 15, fig. 11. \
*Cerithium lapidum*. Éocène moyen. p. 59, fig. 43. \
*Cyrena depressa*. Éocène moyen . . p. 60, fig. 44. \
*Paludina novigentiensis*. Éocène moyen. . . . . . . . . . . . . . p. 60, fig. 45. \
*Biloculina bulloïdes*. Éocène moyen. p. 62, fig. 46. \
*Cerithium giganteum*. Éocène moyen. p. 59, fig. 42. \
*Nummulite*. Éocène moyen. . . . . p. 58, fig. 30. ⎱ Période tertiaire.

*Ananchytes ovata.* Terrain crétacé,
partie supérieure . . . . . . . . . p. 8,9, fig. 6.
*Micraster Brongniarti.* Terrain cré-
tacé, partie supérieure . . . . . p. 9, fig. 7.
*Holaster planus.* Terrain crétacé,
partie moyenne. . . . . . . . . . p. 25, fig. 22.
*Inoceramus labiatus.* Terrain crétacé,
partie moyenne . . . . . . . . . p. 25, fig. 21.
*Ostrea flabellata.* Terrain crétacé,
partie moyenne. . . . . . . . . . p. 40. fig. 34.
*Scaphites æqualis.* Terrain crétacé,
partie moyenne.. . . . . . . . . . p. 38. fig. 51.
*Turrilites costatus.* Terrain crétacé,
partie moyenne. . . . . . . . . . p. 38, fig. 52.
*Ammonites portlandicus.* Terrain ju-
rassique, partie supérieure. . . p. 22, fig. 20.
*Ammonites Martelli.* Terrain jurass-
sique, partie moyenne. . . . . . p. 22. fig. 19.
*Ammonites cordatus.* Terrain jurass-
sique, partie moyenne. . . . . . p. 10, fig. 8.
*Ammonites bifrons.* Terrain jurass-
sique, partie inférieure . . . . . p. 21, fig. 18.
*Ostrea arcuata.* Terrain jurassique,
partie inférieure.. . . . . . . . p. 27, fig. 24.
*Ceratites nodosus.* Terrain triasique. p. 56, fig. 41.

*Trinucleus ornatus.* Silurien. . . . p. 35, fig. 29.
*Bilobite.* Silurien . . . . . . . . . p. 48, fig. 35.

# LISTE DES COUPES ET CARTES


|  |  | Pages |
|---|---|---|
| Fig. 14. | Coupe de Paris à Avallon | 15 |
| — 15. | Coupe du mont Pilat | 18 |
| — 16. | — de Villefort (Lozère) | 18 |
| — 17. | — de Gergovia (Auvergne) | 18 |
| — 23. | — de Sainte-Menehould à l'Ardenne | 25 |
| — 25. | — d'Éteignières (Ardennes) | 28 |
| — 26. | Golfe anglo-parisien à l'époque de la gr. arquée | 30 |
| — 27. | Coupe idéale du bassin de Paris | 31 |
| — 28. | Coupe idéale d'un puits artésien | 32 |
| — 35. | Coupe idéale du Havre au Mans | 39 |
| — 36. | Coupe de Sillé à Brûlon | 49 |
| — 37. | Coupe de Quimper à Châteaulin | 50 |
| — 38. | — de Barenton à Ger | 51 |
| — 39. | — de La Tournerie à Mortain | 51 |
| — 40. | — de Châlons-sur-Marne à Saverne | 55 |
| — 47. | Carte du calcaire grossier inférieur dans le bassin de Paris | 64 |
| — 48. | Coupe de S'Ortu Mannu | 69 |
| — 49. | — des montagnes du Beaujolais | 70 |
| — 50. | — de Bellavista | 71 |
| — 51. | — de Santa-Vittoria | 71 |
| — 52. | — de la Roche rouge | 72 |
| — 53. | Formation successive de l'écorce terrestre | 88 |
| — 54. | Dimensions relatives du globe terrestre et de l'écorce solidifiée | 100 |

# TABLE DES MATIÈRES


Pages

Préface . . . . . . . . . . . . . . . . . . . . . . . . . . . . . . . .

I. La géologie. — Son but. — Sa méthode . . . . . . . . . . 1
Domaine de la géologie. . . . . . . . . . . . . . . . . . . . 1
Exemples de phénomènes actuels. . . . . . . . . . . . . . 2
Exemples de phénomènes anciens . . . . . . . . . . . . . 5
Origine des masses minérales. . . . . . . . . . . . . . . . 14
Masses minérales stratifiées. . . . . . . . . . . . . . . . . 15
— non stratifiées. . . . . . . . . . . . . . 16
Formations éruptives. — Formations sédimentaires. . . . . . . 19
Classement chronologique des formations sédimentaires. —
Stratigraphie. — Paléontologie . . . . . . . . . . . . . . 20
Disposition générale des formations sédimentaires . . . . . . 24
Carte géologique. . . . . . . . . . . . . . . . . . . . . . 25
Formations littorales. — Anciens golfes . . . . . . . . . . 26
Modifications successives de la forme du bassin de Paris. . . 29
Puits artésiens . . . . . . . . . . . . . . . . . . . . . . . 31
Mouvements du sol. — Enfoncement successif du bassin. . . 33
Généralité des phénomènes. — Identité de succession . . . . 34
Tableau chronologique général des formations sédimentaires. 36
Lacunes . . . . . . . . . . . . . . . . . . . . . . . . . . . 37
Méthode stratigraphique . . . . . . . . . . . . . . . . . . 41
Premiers résultats généraux des observations. . . . . . . . 43
Origine de la vie. . . . . . . . . . . . . . . . . . . . . . . 44

II. Classification et nomenclature. . . . . . . . . . . . . 46
Groupes azoïque, paléozoïque, mésozoïque, cénozoïque. . . . 47
Formations sédimentaires, cristallophylliennes, éruptives . . 54
Groupes de premier ordre. Séries. — Série primitive, primaire, secondaire, etc. . . . . . . . . . . . . . . . . . 54
— second ordre. Terrains. . . . . . . . . . . . . . 56
— troisième ordre. Étages. . . . . . . . . . . . . . 57
— quatrième ordre. Assises. . . . . . . . . . . . . 58

Divisions intermédiaires. — Sections. — Sous-étages . . . 58
Application à la série tertiaire . . . . . . . . . . . 58
Divisions de cinquième ordre. — Zones. . . . . . . . . 62
Tableau de l'étage moyen du terrain éocène. . . . . . . 63
Golfe du calcaire grossier inférieur. . . . . . . . . . 64
Résumé de la nomenclature . . . . . . . . . . . . 65
Dénomination des diverses divisions. . . . . . . . . . 67
Nomenclature chronologique. . . . . . . . . . . . . 67
Classification chronologique des formations éruptives. . . . . 68
Exemples : coupe de S'Ortu Mannu . . . . . . . . . . 69
            —     des montagnes du Beaujolais . . . . . 70
            —     de Bellavista . . . . . . . . . . 71
            —     de Santa-Vittoria . . . . . . . . 71
            —     de la Roche rouge. . . . . . . . . 72
Tableau général de classification et nomenclature. . . . . . 76

III. État initial du globe terrestre. — État actuel. . . . . 78
A. Refroidissement du globe. — 1° Anciens climats. — Époque
    des éléphants. — Période tertiaire. — Période carbonifère.
    Uniformité de la température. — 2° Masses éruptives. . 78
B. Constitution interne du globe. . . . . . . . . . . 81
C. Formation de l'enveloppe par cristallisation. . . . . . 83
D. État initial du globe. — Fluidité ignée.. . . . . . . 84
E. Forme de la terre. . . . . . . . . . . . . . . 84
Histoire générale du globe terrestre.—Succession des phénomènes. 85
Tableau de la formation successive de l'écorce terrestre . . . 86
État actuel du globe terrestre. . . . . . . . . . . . 98
Épaisseur de l'écorce terrestre. . . . . . . . . . . . 100
Stabilité de l'écorce terrestre . . . . . . . . . . . . 103
Influence du refroidissement sur la distribution des êtres or-
    ganisés. . . . . . . . . . . . . . . . . . . 104
Que sera l'avenir de la terre ? . . . . . . . . . . . . 106
Résumé des considérations générales . . . . . . . . . . 106
Liste des fossiles figurés. . . . . . . . . . . . . . 109
Liste des coupes et cartes. . . . . . . . . . . . . . 111

6988 — IMPRIMERIE A. LAHURE

9, rue de Fleurus, à Paris.

9 782329 756608